健康城市设计理论丛书3　　　李煜　主编

促进全民健身的城市设计

刘平浩　　著

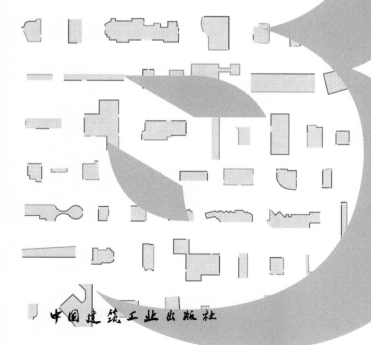

中国建筑工业出版社

图书在版编目（CIP）数据

促进全民健身的城市设计 / 刘平浩著. —北京：中国建筑工业出版社，2022.8
（健康城市设计理论丛书；3）
ISBN 978-7-112-27588-5

Ⅰ.①促… Ⅱ.①刘… Ⅲ.①城市规划—建筑设计—研究—中国②全民健身—健身运动—研究—中国 Ⅳ.①TU984.2②G812.4

中国版本图书馆CIP数据核字（2022）第117195号

责任编辑：刘　丹
责任校对：李辰馨

健康城市设计理论丛书3
李煜　主编
促进全民健身的城市设计
刘平浩　著

＊

中国建筑工业出版社出版、发行（北京海淀三里河路9号）
各地新华书店、建筑书店经销
北京锋尚制版有限公司制版
北京中科印刷有限公司印刷

＊

开本：880毫米×1230毫米　1/32　印张：5½　字数：126千字
2022年8月第一版　　2022年8月第一次印刷
定价：**42.00**元
ISBN 978-7-112-27588-5
（39123）

丛书序

什么是健康城市设计理论？这是指城市设计理论中与居民健康相关的空间理论、规律、技术与策略。三十年前，朱文一先生提出了"空间原型理论"，并在此基础上推动了"建筑学城市理论"的系列研究。通过探索建筑学与其他学科的交叉融合，试图将其他学科总结出的事物发展规律中可以被空间化的部分转译为空间与形态规律。

2008年起，我开始关注"城市空间"和"人群疾病"的关系。事实上，空间如何影响健康是建筑学永恒的话题之一。20世纪80年代开始，人类疾病谱的转变和预防医学的发展使得公共卫生领域再次关注城市空间与人类疾病的关系。与此同时，现代主义建筑的失败和城镇化的加速导致了种种相关疾病的流行，也引起了建筑学领域的反思。在这样的背景下，顺着"什么样的城市空间容易导致疾病"这一主线，提出"城市易致病空间"的概念，并初步划定"空间相关疾病"的范畴。在此基础上详细分析了城市空间的不良规划设计导致人群患病的作用规律，并以此完成了博士论文。

2013~2014年我赴耶鲁大学访学，跟随阿兰·普拉特斯教授进行城市设计的研究，并与医学院的学者一起探索了建筑学与医学的可能交叉。在此基础上出版了《城市易致病空间理论》一书，初步总结了世界发达国家整治改良城市易致病空间的经验策略，挖掘了中国大城市面临的类似问题，试图提出初步的空间整治建议。

2014年开始，我有幸与其他志同道合的青年学者一起进行健康城市设计理论的系列前沿课题研究。这些学者有建筑学、医学、公共卫生学、管理学、计算机图形学等迥异的学科背景，在讨论和合作的过程中产生了许多有价值的思维火花。随着研究的深入，越来越多的思绪凝固成共识，通过数据与实证成为浅显的发现。从观察成为认知，从现象成为理论，从观点成为策略。

2019年底，一场突如其来的新冠病毒肺炎（COVID-19）疫情席卷全球，给人类社会造成了难以估量的损失。原本高度发达的当代城市空间，在疫情中暴露出了种种问题。透过疫情滤镜审视当代城市空间，可以发现多个维度的反思和创新正在涌现。这些看似新生的问题，其实早已存在于城市发展建设当中。疫情的滤镜无疑放大了城市空间对"健康"的诉求，将健康城市设计的概念重新带回主流研究和实践的视野。在这样的背景下，我和徐跃家、刘平浩两位老师在2020年担任《AC建筑创作》杂志客座主编，组编了"健康建筑学：疫情滤镜下的建筑与城市"特刊。邀请建筑学、医学、公共卫生、管理学等学科的专家学者，分别从建筑、城市和疾病的角度解析了疫情滤镜下城市空间的问题与改进方向。相信与历史上每一次重大的流行病疫情一样，本次疫情也会带来城市设计的深度自省和重要发展。

应该意识到的是，"健康城市设计理论"并不是一股风潮、一阵流行，而是建筑学伊始的初心之一。在学科交叉、尺度交汇、数据和信息化极大发展的今天，城市空间如何服务于人类健康，充满了各种崭新的机遇与挑战。在这样的背景下，我们与中国建筑工业出版社合作推出"健康城市设计理论丛书"，尝试为读者提供健康城市设计方向的理论与实践推介。首期推出的4本包括《健康导向的城市设计》《感知健康的城市设计》《促进全民健身的城市设计》和《健康社区设计指南》。

人群健康与城市设计的学科交叉和理论融合，是一项长期持续的工作。"健康城市设计理论丛书"只是冰山一角，希望从书的出版能够为我国健康城市设计理论研究添砖加瓦。

2022年6月

序

　　"拥有健康"是人类追求幸福最本真、最主流、最质朴的价值趋向。构建完善的全民健身公共服务体系是建设"健康中国"的重要组成部分。十九大以来，党中央、国务院对于全民健身公共服务事业的重视程度前所未有，"广泛开展全民健身活动、加快推进体育强国建设"成为反映群众体育事业在中国特色社会主义进入新时代后的新的使命和任务。

　　新冠肺炎疫情的突如其来让人们更加深刻地认识到身体健康的重要性，主动健身、科学健身已成为越来越多大众的自觉选择，全民健身也正在成为全世界的共识和行动。随着我国全民健身事业的发展，如今越来越多的地区开始拓展全民健身的场所和设施。"什么样的城市空间能够促进大众参与健身运动，助力全民健身"无疑是当下亟待解决的问题。

　　"什么样的城市空间能够促进大众参与全民健身"是一个"大"问题。城市中的公共健身场所，不仅是一类体育健身设施，也是一种特殊的城市公共空间，更是一个全民健身政策落地的基层终端。它不仅需要建筑学体育建筑专业的空间手段，也需要城市设计专业的城市视角，更需要体育学社会体育专业的内核理论。本书挑战这一"大"问题，跨越学科壁垒，融合多学科的研究方法，拓展了体育学全民健身相关研究的空间视角，也加深了建筑学城市空间研究的深度。

　　"什么样的城市空间能够促进大众参与全民健身"也是一个"小"问题。比起各类大型体育场馆，社区中的全民健身路径、公园中的健身场地、商业中心中的健身房等这些城市中最常见的公共健身场所设施，毫无疑问都是小的。正是因为"小"，它们往往被忽视，被遗忘，被错用。然而，这些"小"的空间，却也正是大众日常生活接触最频繁的健身场所设施，最能体现"全民健身"理念。它们的空间是否能够满足健身运动的需求，其中的器械是否与使用者相匹配，周边的环境是否能够让健身运动不受干扰，这些问题必将切实地影响"全民健身"在微观层面的落实。本书直面这个"小"问题,跨越尺度,将"全民健身"这一宏观国策与大众的日常生活真真切切地连接在了一起。

本书是一本具有专业深度同时又简单易读的好书,无论是在体育学专业还是建筑学专业,都能够为构建更好的城市公共健身场所设施提供理论支持和实践参考,助力"全民健身"这一国家战略。

郑国华

上海体育学院休闲学院副院长,教授

目录

3　思辨

后记

1

理论

思辨

西方古代健身房文化
—— 全民健身空间溯源

"全民健身"的概念源于希腊时期。在古希腊，以繁盛的体育文化为依托，健身成了一种极为重要的社会公共活动，而健身运动的载体——"健身房"也自然地成了古希腊城市中最重要也是最具代表的功能之一。

一、体育竞技、二元论、赤裸和"崇高"

古希腊有着极为繁盛的健身文化和传统，其背后不仅是古希腊独特的健康观念和社会风俗，而且也同社会思潮等息息相关。以下将从体育竞技传统、二元论哲学思潮、赤裸文化风气和古希腊"崇高"文化四个方面探讨古希腊健身文化形成的社会和个人因素。

（一）体育竞技

古希腊是当代奥运会的故乡，"体育竞技文化"无疑是古希腊最重要的名片，也是古希腊繁荣的健身文化的重要基础。

古希腊的体育竞技文化源自于古希腊城邦间的争端。其产生之初就被作为一种和平的方式来取代城邦之间的战争。与此同时，体育竞技也是一种向神献身和致敬的祭祀行为：在泛希腊范围的运动

① 古希腊十二大神一般包括宙斯、赫拉、波塞冬、得墨忒耳、雅典娜、阿波罗、阿耳忒弥斯、阿瑞斯、阿佛洛狄忒、赫淮斯托斯、赫耳墨斯以及赫斯提。

② BRONEER O. The Isthmian victory crown[J]. American Journal of Archaeology, 1962, 66（3）: 259-263.

会是向古希腊的"十二大神"①的致敬，而城市级别的运动会则是向地区守护神的致敬。有了战争和信仰的双重推动，体育竞技在古希腊成了一种赢取荣耀和社会地位的重要的机会，自然也是全民参与的盛事。

泛希腊的体育竞技是名为"Olympiad"的系列运动会。其以4年为周期，每一年都会依次在古希腊的一个大型城邦进行运动竞技（表1-1）。每个比赛的项目不完全相同，但均包含赛马车、摔跤、拳击、搏击、跑步和五项全能（包括摔跤、跑步、跳远、掷标枪和扔铁饼）等；除了赛马车，其他都是全裸进行比赛②。泛希腊运动会的举办是一年一度极为重要的盛会，甚至被用作天文纪年。

泛希腊运动会名称、地点和举办时间　　表1-1

体育比赛名称	祭拜的神	举办地点	举办时间 每个周期为4年
奥林匹克运动会 （Olympic Games）	宙斯	Olympia, Elis	周期的第1年
皮西安竞技会 （Pythian Games）	阿波罗	Delphi	周期的第3年
尼米亚赛会 （Nemean Games）	宙斯，赫拉克勒斯	Nemea, Corinthia	周期的第2年和第4年
科林斯地峡运动会 （Isthmian Games）	波塞冬	Isthmia, Sicyon	周期的第2年和第4年

资料来源：维基百科词条"Panhellenic Games"（https://en.wikipedia.org/wiki/Panhellenic_Games，2016年1月.）.

除了泛希腊的运动会，每个城邦会举办各自的运动会以致敬各自的守护神。以雅典为例，他们的泛雅典运动会从公元前556年首次举办，以奥林匹克运动会为蓝本，并加入了更多庆典内容，使之成了一个节日。

大量体育竞技比赛推动了全民体育训练的风潮，也大大增加了社会中训练场所的需求，促进了健身文化的快速发展。因此，高频率的体育竞技比赛是古希腊健身文化的重要外在基础，也是健身房得以存在和运营的社会基础。

（二）二元论和体能教育文化

古希腊社会活跃着大量哲学家，通过哲学思辨引导着社会思潮。影响最大的苏格拉底和柏拉图在其著作中就明确提出了二元论的观点，即人可以分为"身体"和"心灵"两部分。这些早期的哲学家认为，"'心灵'是永恒的而'身体'是会腐烂的，因此人应当训练和提升'心灵'；知识教育是远高于体能教育的。因为人类对于科学、文学、建筑、诗歌以及哲学上的进步和推动是永恒的"[1]，甚至认为"身体"是"心灵"发展的一种拖累[2]。

随着社会思考的不断深入，"身体"教育也逐步得到重视。柏拉图在《理想国》(*The Republic*)中提出，在教育层面，体能教育应当同知识教育取得一种平衡与和谐的状态。

"……那么他们（青少年）的教育呢，我们能够找到比传统方式更好的么？这应该包含两个方面：身体上需要健身，而心灵上需要音乐。"[3]

柏拉图认为体能训练可以保证身体的健康，而健康的身体可以更好地为思维的进步提供便利，减少阻碍。因此，知识教

[1] MECHIKOFF R A. A History and Philosophy of Sport and Physical Education[M]. fifth ed., NY: McGraw-Hill, 2008: 52.

[2] 斯通普夫·菲泽. 西方哲学史[M]. 丁三东，等，译. 第7版. 北京：中华书局，2004.

[3] 柏拉图. 理想国[M]. 范晓潮，译. 北京：研究出版社，2018.

育虽然优先于体能教育，但体能教育依然非常重要，两者应当处于平衡状态。也正是因此，柏拉图创办了名为"**Academy**"的健身房，并将心灵教育和体能教育相互融合，形成了独特的教育模式；而这一模式也被其他各大健身房争相模仿，奠定了古希腊健身房的公共教育功能属性。

二元论的理论思潮建立了古希腊人对自身认知的基本框架，"身体"教育的重要性也在这一框架中逐步体现。

（三）赤裸文化

"赤裸"是古希腊社会最直观的特色。古希腊温和的地中海气候，使得衣服成为一种装饰，而非必需，赤裸地进行训练、运动成为可能。与此同时，在战场上，古希腊的运动员和战士、英雄等选择赤裸作战也能够更为直观地分辨敌我[1]。此外，在体育竞技场上选择赤裸则与穿着松散的服饰会影响比赛发挥有关。

与此同时，古希腊的社会存在对"完美身材"的定义：

"参加五项全能的运动员应当体重适宜，不重不轻。他应当高大，有经过训练，并且有适中的肌肉。腿应当较长，不需要严格遵循身体的比例，而屁股应当柔软并且足够灵活，以应对投掷标枪、铁饼以及跳跃……如果他有一个长的手指，在投掷铁饼的时候能够提供更好的抓力，投掷标枪的时候也会有更少的障碍。"[2]

"适中的肌肉、长腿、灵活度、抓力"，这些要求大多需要后天的训练才能达到，而赤裸意味着这些特征被迫完全地展现出来。这客观上推动了社会对健身训练及其场所的

[1] HALLETT C H. The Roman nude: heroic portrait statuary 200 BC-AD 300[M]. Oxford: Oxford University Press, 2005.

[2] MILES L C. Early Greek Athletic Trainers[J]. Journal of Sport History, 2009, 36（2）: 193.

巨大需求。

（四）"崇高"文化

"崇高"（Arete）文化是古希腊人价值观中最为重要的组成部分，也是支撑古希腊体育和健身文化的精神内核。它可以简单地被理解为在"各方面都十分优秀"。古希腊研究专家斯蒂芬·米勒（Stephen G. Miller）认为：

"古希腊词语'Arete'同古希腊的体育竞技有着紧密的联系，包含了极其丰富的意思。'Arete'的定义包含美德、技巧、英勇、自豪、卓越、勇敢和高尚；然而这些词无论是单独还是放在一起都无法确切地解释'Arete'的含义。在某种程度上，'Arete'存在于每一个古希腊人的价值观中并且同时是他们永恒的目标。"[1]

斯蒂芬·米勒同时也提出：

"'Arete'一词向古代运动员灌输了一种人（或作男性）对完美的追求，在现代人看来，它完全不受现实的物质环境，诸如政治、经济等限制的评价体系的影响。"[2]

由上不难看出，"崇高"代表了古希腊人对美好品行的无止境的追求和崇拜，而这种崇拜是超脱世俗物质生活的规范框架之外的。它不仅包含了心灵层面的高尚品德、竞技精神，也包含了身体层面的美好身形、健硕体魄。健身作为一种提高运动能力、塑造形体的重要途径，自然成为古希腊人心中达到"崇高"的重要方式之一。

（五）繁盛的健身文化

频繁而盛大的体育竞技比赛是健身运动

[1] MILLER S G. Arete: Greek sports from ancient sources[M]. University of California Press, 2012.

[2] MILLER S G. Arete: Greek sports from ancient sources[M]. University of California Press, 2012.

和文化在社会维度上的客观支撑，而"二元论"的视角则是健身文化在个人视角下的客观认知框架。"赤裸"的风俗和文化让健身成为社会维度的主观需求，而"崇高"文化则无疑是大众健身运动的个人视角的主观推动力。它们共同塑造了古希腊繁盛的健身运动和文化，而健身运动的载体——健身房也应运而生。

二、古希腊健身房

古希腊健身房是古希腊城市中极具特色的城市公共空间，无论在规划布局、空间形态、训练方式以及功能使用上都有着鲜明的体系和特色。

（一）城门外·橄榄园旁

古希腊健身房在规划布局层面具有鲜明的特色。以古希腊最大的城邦——雅典为例。雅典城市中分布了3个大型公共健身房，即Academy、Lyceum和Cynosarges健身房（希腊语为Akademia、Lykeion和Kinosarges）（图1-1）。其中，Academy健身房为雅典的第一个健身房①，它位于统治者皮西斯特拉妥（Peisistratos）开辟的用于纪念英雄阿卡迪默斯（Akademos）的神圣果园中。

在规划布局上，雅典三大健身房均没有分布在雅典城墙内。其中，Lyceum健身房和Cynosarges健身房基本上紧贴城墙分布。Lyceum位于雅典东的Hymettus山北边、伊利索斯河北岸，同雅典的运动场隔河相望，直接同城门相连；Cynosarges健身房与Lyceum健身房距离非常近，位于雅典东北方向Anchesmus山的南边，

---

① CHALINE E. Traveller's Guide to The Ancient World: Greece: In The Year 415 BCE[M]. London: DAVID & CHARLES PLC, 2008.

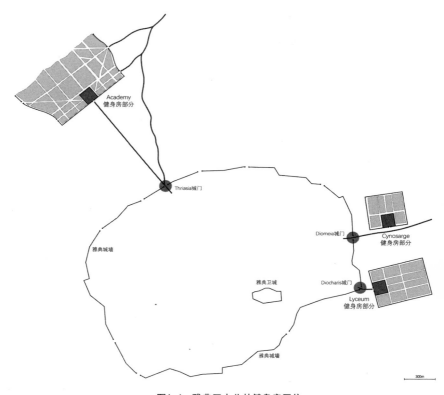

图1-1 雅典三大公共健身房区位

虽然也非常邻近城门，但其入口面向雅典向西的道路，并正对一座维纳斯神庙和花园（Temple and Gardens of Venus）；Academy健身房也分布在城外，但距离城墙较远，雅典城西北方向有城门和道路直接通向健身房。

　　除了雅典这样的大城邦，古希腊的小城邦也会配备公共健身房。例如，在奥林匹亚城（Olympia）中，健身房（公元前3世纪）就位于整个城邦的西北入口旁，同宙斯神庙十分接近（图1-2）；而在德尔菲城（Delphi）这个依山势而建的城邦中，健身房（公元前5世纪）位于城邦主体区域之外，以通道相连，靠近阿波罗神庙布局（图1-3、图1-4）。

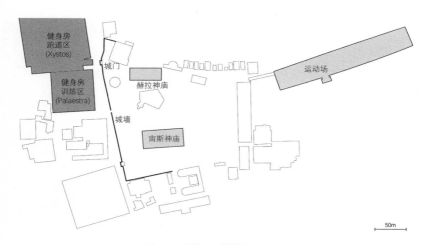

图1-2　奥林匹亚城健身房区位

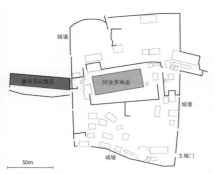

图1-3　德尔菲城健身房和德尔菲城

图1-4　德尔菲城绘画，健身房位于左上部分城墙外
[资料来源：Pausaniou Helados Perihegesis, Athen 1981. "Delphi – Heiliger Bezirk"（http://www.gottwein.de/Hell2000/delph01.php，2016年5月.）]

综合诸如雅典规模的大城邦和奥林匹亚、德尔菲规模的小城邦中健身房的布局，可以发现诸多共同点：①健身房往往布局在城市外部，但会通过便利的交通同城市连通。这里不难看出健身运动的内容同城邦战争千丝万缕的关联。②健身房往往会靠近神庙布局。这也能够体现出古希腊社会中健身运动有着明确的宗教和祭祀作用。③健身房往往会靠近水和橄榄树林。健身房中无论是沐浴、浇灌场地还是训练等都需要水，而橄榄油则被广泛地用于运动比赛和健身活动中。因此，靠近水源和橄榄树林便于健身房的运营。

（二）柱廊庭院

作为古希腊城市中最为重要的城市公共空间之一，公共健身房在空间层面也极具特色。

根据《建筑十书》中关于"Palaestra"（健身庭院）的记载，古希腊健身房在空间上呈两进的方形院落，即庭院区Palaestra和跑道区Xystos，前者用于团体训练，后者则用于跑步（图1-5、图1-6）。

Palaestra健身庭院是古希腊健身房的主体空间。在形态上，它是一个规整的四面由柱廊和房间围合的方形庭院，规模不一，往往同主人的地位和富有程度相关。庭院内地面会铺设一层薄沙，为训练提供一个较为柔软的表面[1]。此外，作为同主入口直接相连的空间，Palaestra庭院内往往会采用大理石的立面以及浮雕、雕像、刻字等装饰柱廊，而比赛获胜的奖品，包括装饰过的盾牌和火炬等，也会作为展示品陈列在柱廊中。虽然无法同当时神庙的装饰规格相比，但比起普通的住宅来说更为高档，同当时其他重要的公共建筑十分类似[2]。

① CHALINE E. The temple of perfection: A history of the gym[M]. Reaktion Books, 2015.

② 同①。

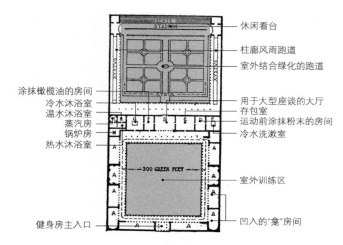

图1-5 《建筑十书》中古希腊健身房平面模式
（资料来源：作者根据 Pollio V. Vitruvius：The Ten Books on Architecture[M]. Harvard university press，1914：161改绘）

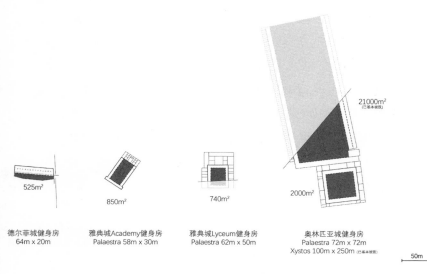

德尔菲城健身房
64m x 20m

雅典城Academy健身房
Palaestra 58m x 30m

雅典城Lyceum健身房
Palaestra 62m x 50m

奥林匹亚城健身房
Palaestra 72m x 72m
Xystos 100m x 250m（已基本被毁）

图1-6 古希腊多个健身房的平面尺度对比

Palaestra庭院周边的柱廊约5m宽，一般用于练习者和观众的交流与休息，而柱廊另一侧会设置房间。根据《建筑十书》中的记载，庭院四周的房间均作为训练功能辅助使用。主要的功能布置在与入口相对的方向，其中最为重要的房间是体操室，规模相较于其他房间更大，可以用作青少年集体授课以及在一些恶劣天气中进行室内的体能训练使用；此外，房间中还包括更衣室、拳击吊袋室、清洁室、橄榄油涂抹及储藏室、浴室等。除了上述特定功能的房间，Palaestra庭院周边剩余的大量房间则不设置特定功能，并面向柱廊完全开放，形成类似"龛"的空间模式；其内部设置少量座椅，一方面可以观看训练，另一方面也是很好的讨论交流空间，可用于授课和演讲，并逐渐成为哲学家讲演和辩论的公共场所[1]。上述房间的规模并没有特别的规定，往往会根据各健身房不同的规模而调整。

Xystos庭院则是古希腊健身房中用于跑步的空间。其虽然采用柱廊庭院的模式，但柱廊外不一定设置房间；同时，在规模上也更为自由。Xystos跑道庭院一般分为室外跑道和风雨跑道。前者一般会结合庭院进行设置，而后者则会结合廊道设置。因此，Xystos庭院的柱廊也比Palaestra庭院的柱廊更宽。对于柱廊形成的跑道，在《建筑十书》中维特鲁威还提出，它们应当被设置在低于地面高度位置以减少对地面庭院中步行的干扰。柱廊跑道的规模也是根据健身房的不同规模而定，但整体来说一条跑道约180m长[2]。

（三）赤裸训练

健身房（gymnasium）在古希腊语中为gymnasion，本意为"一个赤裸地进行体能训练的地方"；而延伸词gymnazein则直接

[1] POLLIO V. Vitruvius: The Ten Books on Architecture[M]. Harvard university press, 1914.

[2] CHALINE E. The temple of perfection: A history of the gym[M]. Reaktion Books, 2015.

图1-7　古希腊时期陶器上的绘画，可见健身房训练中包含了完全赤裸的摔跤（中）
（资料来源："Red-figure Kotyle by the Brygos Painter". COURTESY OF MUSEUM OF FINE ARTS, BOSTON, 10.176. PHOTOGRAPH © 2009 MUSEUM OF FINE ARTS, BOSTON.[1]）

指"赤裸地进行体能训练"。可见在古希腊的社会中，健身、体能训练与"赤裸"同源：在古希腊的健身房中，青年、战士等训练的时候都必须是完全赤裸的（图1-7）。

虽然不穿衣服，但人们在健身的时候并不是彻底一丝不挂、没有保护。在训练之前，参与者要全身涂抹橄榄油，因为他们认为天然的橄榄油涂抹在身体上可以保温，同时也可以在炎热时保持头部凉爽[1]。之后，他们会去另一间房间中涂抹一些粉末。古希腊人认为涂抹不同粉末也会达到不同的功效，如泥土的粉末可以消毒，陶土的粉末利于皮肤出汗的时候打开毛孔，黄色的土粉末不仅可以用于皮肤的软化，而且也会让身材显得更为健美等[2]。最后，男性健身者会使用名为kynodesme的类似皮带的装置固定生殖器，保证其不会在运动时造成影响[2]。

古希腊健身房大多采用由专人带领进行训练的方式（图1-8），即团队训练。体能训练内容可以分为3类：预备运动（parascevastici），进行运动的第一项，用于调整状态；补充运动（apoterapeutici），

[1] MILES L C. Early Greek Athletic Trainers[J]. Journal of Sport History, 2009, 36（2）: 193-194, 196-197.

[2] MILLER S G. Arete: Greek sports from ancient sources[M]. University of California Press, 2012.

用于舒展四肢、打开毛孔并适量出汗；正式训练，则是根据不同需求进行的相关训练内容。柏拉图在《法律篇》（第七卷）（*Laws·Book VII*）中的相关记载如下[1]。

"健身有两种方式——跳舞和摔跤。跳舞主要模仿音乐的节奏运动，旨在保持自由的运动状态。而摔跤则旨在增加身体健康和灵敏度，同时也能够提升四肢和躯干的体型美感，给予这些部分适当的柔韧性和延展性，并可以成为舞蹈极佳的补充。"

不难看出，古希腊的健身文化虽然与体育文化息息相关，但健身方法是脱离体育竞技的独立系统，旨在美、力量、敏捷以及形体美[2]。

在所有训练的尾声，训练者会缓慢地减少运动量直到身体完全恢复平静[3]。而在训练结束后，他们会使用一种特殊的金属刮刀刮去身上的油、粉末和汗水。最后，他们会进行沐浴。古希腊时期，沐浴使用的是冷水，直到古罗马时期，才引入了热水并使其成为浴场的一部分。

（四）多功能的健身综合体

古希腊的健身房具有极高的社会地位，是古希腊城邦最为重要的城市公共设施之

图1-8 古希腊时期陶器上的绘画，可见健身房训练有专门的教练（右）加以指导

（资料来源："Red-figure Cup by the Foundry Painter". COURTESY OF BRITISH MUSEUM, LONDON, E 78.[2]）

① Plato. Laws[EB/OL]. https://www.gutenberg.org/files/1750/1750-h/1750-h.htm. 作者译。

② MILES L C. Early Greek Athletic Trainers[J]. Journal of Sport History, 2009, 36 (2): 193-194, 196-197.

③ MERCVRIALIS H, De Arte Gymnastica: Libri Sex[M]. sumptibus Andreæ Frisii, 1672: 299.

① SKALTSA S. Gymnasium, Classical and Hellenistic times[J]. The Encyclopedia of Ancient History, 2012.

② FORBES C A. Expanded uses of the Greek gymnasium[J]. Classical Philology, 1945, 40（1）: 34-35, 37-42.

③ MILES L C. Early Greek Athletic Trainers[J]. Journal of Sport History, 2009, 36（2）: 193-194, 196-197.

一。它不仅被认为是"第二个市场",更被认为是检验一个城市品质的重要指标①。古代哲学家和历史学家迪奥·克里斯（Dio Chrys，公元40～115年）认为，古希腊城市中最具代表的特色功能就是"市场、剧院、健身房和柱廊"②。古罗马哲学家普鲁塔克（Plutarch，公元46～120年）也曾提出，如果想要找到一个"没有城墙，没有文化，没有国王，没有房屋，没有钱，没有剧院和健身房"的城市，存在可能性但也是极其困难的②。

古希腊健身房之所以拥有如此高的社会地位，是因为其内部除了体能训练和健身运动以外，还承担了社会公共教育的功能③，尤其是知识教育。公元前5世纪，柱廊院外围的"龛"房间中自由的交流活动逐步演化为有主题的讲演、辩论活动，并逐步被当时的哲学家所占据。雅典的Academy健身房就是由哲学家柏拉图所创办②，而Cynosarges健身房则是由哲学家苏格拉底的弟子安提西民（Antisthenes）所创办。而到了希腊化时期，随着哲学和健身房的结合日趋成熟，健身房的标准平面中甚至会加入礼堂空间用作演讲，健身房也几乎成为讲演的专门场所。这些讲演内容不只包括哲学和思辨，还包含文化、健康、音乐、青少年成长、诗歌等，可谓包罗万象②。而城市展览、考试、图书馆等公共教育衍生功能也在健身房中出现。此外，在战时，健身房会理所当然作为军队的训练场地，甚至作为营地、堡垒或指挥基地。历史记载中，还有少数关于将健身房空间作为城市大厅用以大型的宴请、庆典等的记载②。

即便增加了如此多样的附属城市公共
功能，在健身房中，体能训练依然是不变

① CICERO M T. On oratory and orators[M]. New York: Harper & Brothers, 1860.

的核心功能。《论雄辩家》（*De oratore*）中论述了哲学与健身在古
希腊的健身房中"共处"的状况：

"健身房在被哲学家'占领'之前已经存在好几个世纪了。即
便在现在，虽然哲学家占领了几乎所有的健身房，但他们的听众更
希望听到铁饼而不是哲学家的声音；一旦训练的时间到了，他们就
会'抛弃'这些哲学家，去为训练作抹油准备，即便他们刚刚讲到
一半。"①

综上所述，古希腊健身房承载了大量体能训练以外的城市公共
交流功能，无疑是一个公共学习的综合体。值得一提的是，健身
房中体能训练追求的是个人形体的提升，是对"崇高"身体的追求；
而演讲辩论则无疑是思维的提升，是对"崇高"内在的追求。两者
相辅相成，与古希腊二元论的教育理念是完全吻合的。

三、古希腊健身房的没落

古希腊对"崇高"（Arete）的追求支撑了古希腊的体育文化，
包括其衍生的健身文化和繁荣的公共健身房建设和运营。随着古希
腊的衰亡和古罗马的崛起，健身房也由盛转衰，成为古罗马时期大
型浴场的健身区和小亚细亚地区的"浴场-健身房综合体"，并最
终在中世纪退出了历史舞台。

（一）健身文化的衰落

随着古希腊的衰落，其灿烂一时的健身文化由于缺少"崇高"

① MECHIKOFF R A. A History and Philosophy of Sport and Physical Education[M]. fifth ed., NY: McGraw-Hill, 2008.

② 斯通普夫，菲泽. 西方哲学史（第七版）[M]. 丁三东，等，译. 北京：中华书局，2005.

③ ROSE H J. The Roman Questions of Plutarch: A New Translation, with Introductory Essays & a Running Commentary[M]. Biblo & Tannen Publishers, 1924.

文化这一内核，也开始衰败，逐步被古罗马文化所侵蚀。

与古希腊的"崇高"追求不同，古罗马人更为现实①。古罗马的主流哲学思潮——"伊壁鸠鲁学派"（Epicureans）和"斯多葛学派"（Stoics）均认为"人们生活的主要目的是快乐"，并试图将快乐原则上升至生活和行为的基础这一高度②。"享乐"无疑是古罗马人的标志。当然，这种"享乐"并不意味着懒惰（古罗马人并非懒惰的民族，他们有着璀璨的建筑史，斗兽场、大浴场等大型建筑都在世界建筑历史上具有举足轻重的地位），而更多地反映在精神追求上：不再追求第一，追求胜利，追求完美，而是重视眼前，安于现状，追求快乐和享受的生活方式。也正因此，古罗马人并没有对健身运动，乃至所有体育运动感兴趣。

而在健身文化本身，古希腊的运动方式和训练方法也并没有被古罗马人所接受。普鲁塔克在文集《道德小品》（*Moralia*）中关于罗马问题的第40个回答中记载，在古罗马人心目中，古希腊的健身房文化是一种彻底的对青年的误导，是古希腊走向衰败的罪魁祸首。

"古罗马对（橄榄）油是极为珍惜的，即便在洗浴时也极为节约。古罗马人认为，古希腊被奴役和衰落的罪魁祸首正是他们的健身房和摔跤学校。他们为社会培养了大量懒惰而游手好闲的人，浪费了时间，鼓励人们养成非自然的坏习惯并通过睡觉、走路、跟着节奏运动（做操）以及煞费苦心的减肥毁掉了青年人的身体。结果是使社会中的青年人丧失了战斗能力，成为灵巧的运动员、聪明的摔跤手，而不是勇猛的骑士和步兵。"③

此外，对于古希腊健身房中赤裸健身的形式，古罗马人也无法接受。在古罗马社会中，赤裸往往含有没有军事实力（"naked" military might）等含义[1]。因此，古罗马人在公共场合是不会裸体的，在战场上也全副武装的。所以，赤裸进行的古希腊健身运动在古罗马无法被普通大众接受。

① CHALINE E. The temple of perfection: A history of the gym[M]. Reaktion Books, 2015.

② YEGUL F K. Bathing in the Roman world[M]. Cambridge University Press, 2010.

古罗马人追求"享乐"不喜欢运动，古希腊的健身文化被古罗马人全盘否定，赤裸的健身也为古罗马人所不齿，这些导致了健身文化，乃至整个竞技体育文化在古罗马社会中的衰落。舒服的泡浴场、观看斗兽等休闲娱乐活动才是古罗马人的公共生活重心，独立的健身房在古罗马的城市中消失，取而代之的是大量娱乐性质的公共建筑，如斗兽场、浴场、店铺等。

（二）融入浴场的健身区

随着希腊化时期古罗马文化不断传入，人们思维逐步娱乐化，城市中的公共健身房也逐步由原来"神圣严肃"的体能训练场所向休闲娱乐化转型。公元前1世纪，热水沐浴开始在古希腊健身房出现，让健身之后的沐浴成为一种独立的休闲和交流方式，加快了健身房的娱乐化进程。至奥古斯都（Augestus，罗马帝国开国君王）当政时期（公元前30年—公元14年），约60%的古希腊健身房由教育、竞技训练的功能定位转变为以热水浴为主体的休闲娱乐功能，并被称为公共浴场（bath或者balaneion）[2]。

这种娱乐化的"健身房"，或者说"配备健身区的浴场"，传入亚平宁半岛后，岛内的洗浴活动极大地吸引了"娱乐"的古罗

① MECHIKOFF R A. A History and Philosophy of Sport and Physical Education[M]. Fifth ed., NY: McGraw-Hill, 2008.

② 同①。

③ BAKER W J. Sports in the western world[M]. University of Illinois Press, 1988.

马人。公元前2～公元前1世纪，在古罗马的文学作品中就已经出现对古罗马洗浴文化的记载，即当时古罗马人已经养成了洗浴的习惯①。而对于健身，虽然古罗马人抵触古希腊严肃的体能训练，但如投掷和接球等轻量级的运动依然颇受欢迎等；因此，他们会在午饭后，在浴场健身区（Palaestra）进行简单的运动，达到刚刚出汗的程度，然后就匆匆进入浴室进行聊天、阅读等活动②；Palaestra健身庭院中的健身活动演变为洗浴前的"热身"。

公元前，这类配备了健身区的公共浴场（Bath with palaestra或Thermae）在亚平宁半岛共有200座，并在公元400年达到900座；它们大多为私人所拥有，但也有一些较大型的为政府持有③。

与古希腊健身房截然不同，配备健身区的古罗马浴场往往位于城市中心区域。庞贝（Pompeii）城内分布有Central浴场、Forum Bath和Stabian浴场3个配备健身区的浴场（图1-9），它们均紧邻城市的核心干道，其中Central Bath和Stabian浴场更是位于多条核心干道的交叉口，可见其在城市中的重要地位。同时期的奥斯蒂亚城（Ostia）中分布有Forum浴场、Baths of Neptune浴场以及Porta Marina浴场3个配备健身区的浴场（图1-10），前两者都紧邻城市的核心干道Decumanus Maximus，同城市中的剧场、神庙等重要公共建筑靠近；Porta Marina浴场虽然在城墙外，但位于码头区域，依然属于交通要道。综上不难看出，配备健身区的浴场同剧场、神庙等大型公共建筑一样位于城市中心，同城市的核心干道相连。

根据维特鲁威的《建筑十书》中的记载，以庞贝Stabian浴场为例（图1-11），配备健身区的公共浴场在平面布局上更为随意，不

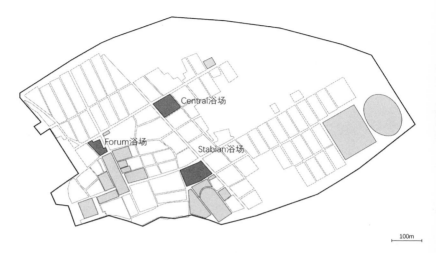

图1-9　庞贝城中配备健身区的大型浴场分布
（资料来源：基于"Pompeii"作者自绘. https://sites.google.com/site/ad79eruption/pompeii，2016年7月）

图1-10　奥斯蒂亚城中配备健身区的大型浴场分布
（资料来源：基于"Ostia, Topographical Dictionary"作者自绘. http://www.ostia-antica.org/dict.htm，
2016年7月）

再受一个矩形的限制。整个浴场为一进院落空间，而非古希腊健身房区由训练区和跑道构成的两进。其功能分为健身区、男士洗浴区和女士洗浴区，其中健身区依然采用柱廊庭院的形式，占据了整个浴场一半以上的空间，并与主入口以及洗浴区的入口相连，是整个浴场的交通核心。健身区的柱廊庭院内也有着较为明确的分区，其中绝大部分的空间为操场，西边设置了小型游泳池，两者由一条跑道分隔。

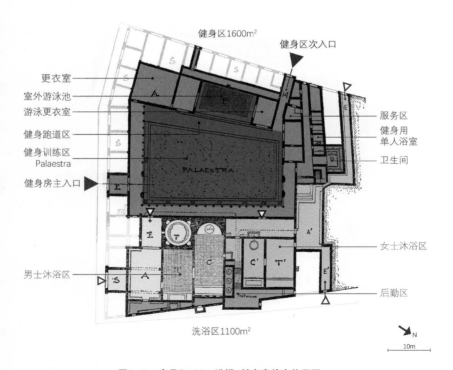

图1-11　庞贝Stabian浴场-健身房综合体平面

（资料来源：作者改绘自"the stabian baths at pompeii"．POLLIO V. Vitruvius: The Ten Books on Architecture[M]. Cambridge: Harvard University Press, 1914.）

与庞贝Stabian浴场类似，同样位于庞贝城的Central浴场和
Forum浴场以及邻近罗马的奥斯蒂亚城（Ostia）中的Forum浴场、
Neptune浴场、Porta Marina浴场等配备健身区的浴场均有着类似的
平面布局。它们同取消了Xystos跑道区的古希腊健身房有着完全相
同的拓扑关系，"柱廊庭院"的空间模式也得以继承；它们位于城
市的中心区，抛弃了古希腊方正的平面布局，转而因地制宜；其内
明确地形成室内浴场区和室外健身区，其中健身区一般占总面积的
1/2，并配备独立的配套房间。虽然空间上，健身区的庭院依然是
浴场的中心，但在使用上依然成为浴场洗浴的附属（图1-12）。

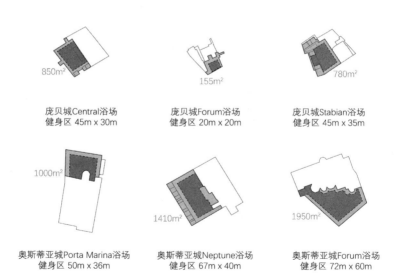

图1-12　位于庞贝城和奥斯蒂亚的配备健身区的公共浴场平面尺度与布局模式对比
[资料来源：作者自绘，庞贝城案例基于"Pompeii"，"AD79 Destruction and Re-discovery"（https://
sites.google.com/site/ad79eruption/，2016年7月），奥斯蒂亚城基于"OSTIA: HARBOUR CITY OF
ANCIENT ROME"（http://www.ostia-antica.org/，2015年6月）]

（三）浴场 – 健身房综合体

小亚细亚地区作为亚洲同欧洲的陆地连接，北靠黑海，南临地中海，很早就有文明在此出现。早在公元前9～公元前8世纪，就因为地中海气候以及海港城市的繁荣而吸引了大量来自古希腊的移民，进而致使当地文化中融入了大量古希腊的文化传统，其中就包括健身与健身房文化。亚历山大帝国以及之后的古罗马帝国对小亚细亚的统治虽然一定程度上传播了古罗马文化，但由于山脉的隔绝，该地区的西南沿地中海的区域依然保留了传统的风俗文化直至古罗马帝国时期。

古罗马文化传播的延迟使得小亚细亚区域健身文化与洗浴文化得以共存（而非此消彼长乃至取而代之），形成了独具特色的"浴场–健身房综合体"（Bath–gymnasium Complex），即古希腊的柱廊庭院同古罗马的大型洗浴大厅的结合。而在功能上，这种"浴场–健身房综合体"也同时包含了原古希腊健身房的体能教育、运动员训练以及古罗马浴场的休闲娱乐功能。虽然空间融合、统一运营，但在使用上健身房和浴场相互独立完整。

以位于小亚细亚的萨狄斯城（Sardis）中的"浴场–健身房综合体"为例，据考古估计，这座综合体作为城市中最为重要的公共建筑，在城市重建之初便已被规划并建造[1]。在规划层面，同古希腊健身房类似，"浴场–健身房综合体"远离城市中心区域，位于城墙外并靠近城墙；而到了古罗马时期，随着城墙的外扩，这一综合体也被纳入城市范围内（图1–13）。在建筑布局层面，整个"浴场–健身房综合体"在平面上约为125m×170m的矩形，同

① YEGUL F K, BOLGIL M C, FOSS C. The bath-gymnasium complex at Sardis[M]. Harvard University Press, 1986.

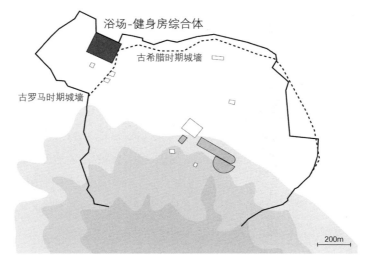

图1-13　Sardis总平面布局
（资料来源："The Archaeological Exploration of Sardis Digital Resource Center"（http://sardisexpedition.org/en/essays/about-sardis，2016年5月））

主干道Marble Road方向平行；其内空间平均分为两部分，东半部分是健身房Palaestra部分，类似古希腊健身房，其中的室外庭院约为60m×60m的方形，主入口位于庭院的东侧；庭院的北侧和南侧分别有两栋长向建筑作为庭院的边界，外形上保持对称，南侧建筑公元3世纪被改造为犹太教会堂，而北侧建筑则部分用作室内球场。建筑的西半部分为浴场部分，包括更衣室、热水和冷水浴室等。浴场部分和健身房部分由位于中央的接待大厅（Marble Court）相互连接（图1-14）。总体来说，整个建筑将古希腊健身房的柱廊庭院和古罗马的浴场直接拼接，形成了空间层面和使用层面的"浴场-健身房综合体"。

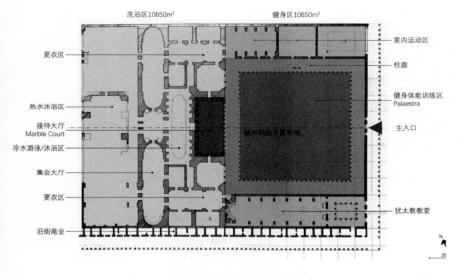

图1-14　萨狄斯城"浴场-健身房综合体"平面

[资料来源：作者改绘自Hanfmann G M A. The Sixteenth Campaign at Sardis（1973）[J]. Bulletin of the American Schools of Oriental Research, 1974：50.]

（四）健身文化的"重生"

随着基督教的出现、传播并壮大，思想观念的更迭也带来人们对体育以及健身文化认知的转变。基督教认为，"人的身体是邪恶的、是腐朽的、是不可救药的（vile and corrupt and beyond redemption）"[1]，人类身体应当摒除一切的享乐以净化自己的灵魂。而随着14世纪黑死病的暴发，身体更是被认为是"罪恶的报行者"（messenger of sin），是上帝愤怒在人身上的体现[2]。在这种思想的影响甚至是控制下，人们对运动的意识和渴望不断削弱并最终消失。普通大众完全丧失了锻炼身体

① MECHIKOFF R A. A History and Philosophy of Sport and Physical Education[M]. Fifth ed., NY: McGraw-Hill, 2008.

② 同①。

的习惯，无论是像古希腊人那样为了"崇高"还是像古罗马人那样为了"享乐"。漫长的中世纪，健身文化连同健身房逐渐消失；这不但是在物质和空间层面上消失，而且是在意识层面的消失，人们逐渐失去了对健身运动的渴望、需求甚至是最基础的理解和认知。

① MERCVRIALIS H, De Arte Gymnastica: Libri Sex[M]. sumptibus Andreæ Frisii, 1672.

② FORD E. The "De Arte Gymnastica" of Mercuriale[M]. Australasian Medical Publishing, 1954.

　　文艺复兴使得大量古希腊和古罗马的古迹重见天日；然而，由于对体育健身认知、意识的缺失，诸多研究院在古迹翻译过程中，完全忽视了健身房和运动等方面的记载。这致使健身乃至体育文化并没有像绘画、雕塑等文化艺术领域那样出现大规模复兴。尽管如此，部分健身房和健身方法的文献依然从医疗的视角翻译并传播出去，其中最具代表的是*De Arte Gymnastica*①。该书详细描述了古希腊健身房的产生和类型，其中包含了古希腊健身房平面示意图以及大量绘制的健身场景，如健身房中锻炼、比赛、宴请、举重以及沐浴等（图1-15）。但该书并未引起太多关注②。

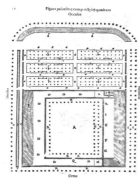

图1-15　*De Arte Gymnastica*中的插图，包括健身房平面和内部训练的场景；训练场景横向依次为洗浴、球类活动、摔跤、跑步、利用重物进行力量训练和攀爬

（资料来源：MERCVRIALIS H. De Arte Gymnastica: Libri Sex[M]. Sumptibus Andreæ Frisii, 1672.）

四、结语

古希腊健身房是全世界公共健身设施的鼻祖。作为城市中最为重要的公共建筑之一，健身房有着规整的建筑布局模式，同古希腊健身方式和文化息息相关。以"崇高"文化为核心，健身房逐步构建了身心二元的训练体系，承担了古希腊城邦青少年教育的功能，成为哲学家的"沃土"和当代"学院"的前身。而随着古希腊文化的衰落和古罗马"享乐"文化的入侵，健身房的主体健身训练功能不断萎缩，让位于洗浴，最终"寄居"于古罗马时期的浴场内，形成了配备健身区的古罗马浴场和"浴场–健身房综合体"形式，并最终于中世纪消失。

作为西方全民健身空间的源头，古希腊健身房背后是浓郁的体育文化和全民对"崇高"心灵和身体的追求。虽然古希腊健身文化已经画上句号，但其完备的全民健身空间体系依然引导着启蒙运动时期，乃至当代全民健身空间的发展。

西方近现代健身文化
——从健康导向到文化现象

中世纪对体育健身的禁锢造成了健身文化的断层。随着文艺复兴、启蒙运动对中世纪宗教文化的冲击，健身文化逐步复苏。从19世纪至今，健身文化依照体操健身和健美健身两条文化线索发展，共同构成了当代全民健身的主流文化形态。

一、体操健身文化

中世纪对体育运动的禁锢导致包含健身运动在内的体育文化的全面倒退。即便是文艺复兴后期，以医学视角的*De Arte Gymnastica*也并没有带来健身运动和健身文化的复兴。同时期的宗教改革，虽然一定程度上动摇了教会对教育的统治，但对体育以及健身运动依然延续了基督教的偏见。启蒙运动时期，科学的理念逐步普及，以面向大众的体能教育为形式的健身运动开始复苏。

（一）健身运动和体能训练的全面复苏

启蒙运动打破了教会的禁锢，带来科学的理念；大众的认知也逐步脱离教会的限制，回归自然，并开始从科学的角度重新审视这个世界。健身运动也借助健康的理念和体能教育的兴起重新回归大众视野。

法国评论家米歇尔·德·蒙田（Michel de Montaigne）早在文艺复兴时期就提出了体能训练的重要性。他认为，"仅仅加强一个人的灵魂是不够的，必须要同时让他的肌肉健壮"①。在此基础上，教育家约翰·洛克在著作《教育漫谈》（1693）中强调了嬉戏玩耍、舞蹈、击剑、骑行以及拳击对教育的重要意义，而教育家卢梭也在著作《爱弥儿：论教育》（1762）中强调了玩耍和在现实生活中体验对儿童教育的重要性。而随着私人教育机构的逐步涌现，他们的理念也很快得到实践。1774年，约翰·哈德·巴塞多（Johann Bernhard Basedow）在德国创立的博爱学校首次将卢梭的教学理念付诸实践②：在教学中，学生们的一半时间被用于身体活动，而"希腊式健身法"和"骑士训练"也包含在体能训练体系中③。博爱学校的成功以及巴塞多的著作《初级读本》（*Elementarwerk*）（1774）（图2-1）的出版拉开了体能教育机构建立的序幕，其体能教育模式也被大量借鉴和引用。

1793年，体能教师约翰·古兹姆茨（Johann GutsMuths）在博爱学校体能教育体系的基础上，结合50年的教学经验，出版了《青年体操》（*Gymnastik fur die Jugend*），系统地归纳了11种可用于青少年体能教育的训练方式，包括跑步、跳跃、攀爬、游泳等④，并给出了每种训练方式的具体内容和变化模式（图2-2）。作为第一本系统的面向青少年体能教育的著作，该书为体能教育的实施和进一步推广提供了极为重要的理论基础，并成为之后体能教育方法和模式发展的最为重要的参照。

① MECHIKOFF R A. A History and Philosophy of Sport and Physical Education[M]. 5th ed., NY: McGraw-Hill, 2008.

② 同①。

③ GERBER E W. Innovators and institutions in physical education[M]. Philadelphia: Lea & Febiger, 1971.

④ GUTSMUTHS J C F, Salzmann C G. Gymnastics for youth: an essay toward the necessary improvement of education, chiefly as it relates to the body[M]. Philadelphia: P. BYRNE, 1803.

图2-1　巴塞多的著作《初级读本》中的插图"儿童玩耍的乐趣"（左）和"驯马术"（右）
（资料来源：Elementarwerk[EB/OL]. [2022-01]. https://commons.wikimedia.org/wiki/Elementarwerk.）

图2-2　《青年体操》（*Gymnastics for Youth*）中的插图
（从左至右依次为跳高、撑杆跳、跑步、摔跤、爬梯、洗澡游泳）
（资料来源：GutsMuths J C F, Salzmann C G. Gymnastics for youth: an essay toward the necessary improvement of education, chiefly as it relates to the body[M]. Philadelphia: P. BYRNE, 1803.）

　　从文艺复兴到18世纪末，随着科学文化的不断推进，以青少年为切入的健身和体能教育文化开始酝酿，并借鉴古希腊的训练法，形成了较为成熟的体能教育方法和体系。然而，同古希腊相比，这一时期的健身运动影响力仅仅局限于面向青少年的教育，尚未覆盖至青年人乃至全社会的普通大众。此外，这一时期也并没有出现一种与训练体系相匹配的专门的健身场所（如古希腊的公共健身房）。因此，综合来看，这一时期的大量校园体能教育探索以及以《青年体操》为代表的成熟体能教育体系的涌现，标志着健身运动在体系和方法上的复兴，并为19世纪初"德式体操"（Turnen）文化的出现奠定了坚实的理论基础。

（二）"德式体操"（Turnen）健身文化的产生

18世纪末至19世纪初，欧洲战争不断。随着拿破仑当政，法国崛起并不断扩张。1806年法军在耶拿-奥尔施泰特歼灭普鲁士军队，迫使普鲁士割让了49%的领土并失去将近68%的人口[①]，普鲁士国内自发形成了"振兴普鲁士运动"（German League）。以民族振兴为目标，体能教师弗里德里希·路德维希·杨提出，可以通过体能训练提高普通青年大众的身体素质，进而能够让更多青年人成为振兴普鲁士的储备战斗力[②]。基于这样的想法，在古兹姆茨的体能教育理论的基础上，1811年杨提出了名为"Turnen"的体能训练体系[③]，并在柏林开设了第一个专门训练场Hasenheide Turnplatz体操广场（图2-3）。这标志着面向社会大众的"德式体操"（Turnen）的正式创立。

该体操广场整体占地约26000m²，其内分区设置了各种巨型的健身器械，用于攀爬、悬挂等训练，并通过自然绿化加以隔断。整个训练场更像是一个配备了器械的健身主题公园（图2-4、图2-5）。以"振兴普鲁士"为背景，Hasenheide Turnplatz体操广场取得了巨大成功，德式体操这项面向大众的体能训练体系也受到了青年人的喜爱，参与训练的"人数达到了300人，他们来自各种社会阶层，从私人学校到大学，从平民

① 威尔·杜兰. 世界文明史（第十一卷）[M].
北京：东方出版社，1999.

② CHALINE E. The temple of perfection:
A history of the gym[M]. Reaktion
Books, 2015: 87.

③ 吕树庭，张力，程湘南，等. 体操与体
育——一个史学的视野[J]. 南京体育学院
学报，1994（2）：54-56.

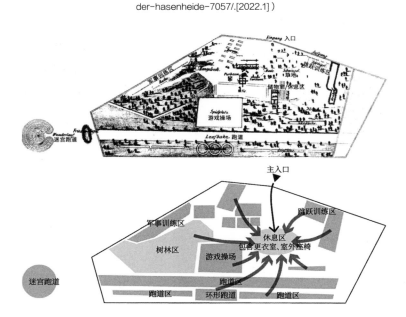

图2-3　Turnplatz Hasenheide 体操广场1811年的训练场景

（资料来源：https://www.dtb.de/weitere-nachrichten/nachrichten/artikel/jahn-feier-in-der-hasenheide-7057/.[2022.1]）

图2-4　Turnplatz Hasenheide体操广场（1818）的平面（上）及分区布局（下）

（资料来源：https://journals.ub.uni-heidelberg.de/index.php/kb/article/download/9887/3752/12360.[2022.1]）

图2-5　Turnplatz Hasenheide体操广
场在1818年的平面布局
（资料来源：http://ringmar.net/kingdancing/
index.php/2019/08/10/leonard-pioneers-
of-modern-physical-training-1915/.
[2022.1]）

① GASCH R. Das gesamte Turnwesen[J].
　 Lesebuch für deutsche Turner, 1893（2）.

② GIESSING J. The Origins of German
　 Bodybuilding: 1790–1970[J]. Iron
　 Game History, 2005, 9（2）: 9.

③ EAST W B. A Historical Review and
　 Analysis of Army Physical Readiness
　 Training and Assessment[R]. Army
　 Command And General Staff College
　 Fort Leavenworth Ks Combat Studies
　 Inst, 2013: 7–8.

④ GIESSING J. The Origins of German
　 Bodybuilding: 1790–1970[J]. Iron
　 Game History, 2005.12, 9（2）: 10.

到王子"①。顺应这一热潮，1811~1815年，杨在德国共主持建造了约150个体操广场②，并以此为基础，于1816年出版著作《德式体操》（Die deutsche Turnkunst），其中详细论述了德式体操的训练方法、体操广场中可以进行的娱乐活动、体操广场的管理运营方式以及体操广场的建造。同古兹姆茨的《青年体操》相比，该书不只局限于训练法，还详细论述了德式体操从训练方式到实际运营的整个过程，更全面也更具体化。德式体操体系将健身运动由原本的青少年健康教育领域扩大到以青年为代表的普通社会民众，推动健身文化进入全新的阶段。

正如杨所期望的，承载着普鲁士民族振兴的重任，德式体操快速成为普鲁士民族重要的精神核心；在1813年开始的德国解放战争中，来自德式体操组织的青年人共计15000名③。然而，随着战争的结束，体操组织失去了"民族振兴"的目标，逐渐向极端民族主义方向偏离，最终于1819年被普鲁士政府"取缔"，直至1842年④。19世纪中叶，德式体操逐步由室外转为室内，形成了类似于礼堂的"体操大厅"（Turnhaus或Turnhalle）这种完全室内化的训练场所，并以俱乐部的形式运营。

此外，类似于体操主题庆典的"体操节"（Turnfest）也逐步形成，4年一次，结合射击、击剑、摔跤、田径等项目以及游泳、高跷赛跑等竞技活动，形成了以健身运动为主题的大型"嘉年华"（图2-6），甚至一定程度上影响了现代奥运文化①。

图2-6　1860年位于Hasenheide的
Turnfest体操节

（资料来源：https://manfred-nippe.de/der-lange-weg-zum-ersten-sportverband-der-hauptstadt-2/.[2022.1]）

（三）德式体操健身文化的传播和影响

体操健身文化的兴起以及普鲁士的逐步复苏引起了欧洲其他国家政府的关注，除了直接引入德式体操体系，诸多国家的政府也开始大力支持本土体能训练体系的研究和开发。在瑞典国王的支持下，佩尔·亨里克·林（Pehr Henrik Ling）结合古兹姆茨的训练方法，自主归纳形成了一套完备的徒手健身训练体系。而在法国政府的大力支持下，弗朗西斯科·阿莫罗斯（Francisco Amorós）基于卢梭的教育理念，完成了供军队以及全法国中小学使用的超大规模公共体能训练场设计"Gymnase Normal"（图2-7、图2-8），并于1819年投入使用；以此为基础，阿莫罗斯也逐渐开发了一套以攀爬、悬挂为主的训练体系，为法国健身训练体系的发展奠定了基础。

① HOFMANN A R. The American turner movement: a history from its beginnings to 2000[M]. Max Kade German-American Center, Indiana University-Purdue University Indianapolis, 2010.

图2-7　儿童在Gymnase Normal中运动的场景
（资料来源：Sport and Gymnnastics Training for Boys.[EB/OL]. [2022.1]. www.bridgemanimages.com/en-US/marlet/sport-and-gymmnastics-training-for-boys-scene-from-the-tableaux-de-paris-series-c-1820-colour-litho/colour-lithograph/asset/293605）

图2-8　Gymnase Normal入口立面设计
（资料来源：Amorós F. Nouveau manuel complet d'éducation physique, gymnastique et morale par le colonel Amoros, Marquis de Sotelo[M]. Paris：Roret, 1848.）

体能训练和健身文化在欧洲各国的快速发展虽不完全源于德式体操，但或多或少都受到了其在普鲁士巨大社会影响力的鼓舞和推动。

由于1819年普鲁士政府取缔体操活动，大量体操组织领袖流亡美国，第一次将德式体操训练法传入美国。而随着1848年法国大革命的失败，欧洲大量革命者流亡美国。其中，大量来自德国的流亡者在美国建立了德国社区，并将传统德式体操训练方式以及体操广场、体操大厅和体操节带到了美国。随着美国德式体操组织的不断壮大以及各大城市中体操大厅的建立（图2-9、图2-10），其影响力开始突破德国社区[①]，并为其他运动组织所借鉴，其中就包含了美国基督教青年会组织。随着青年会对德式体操训练体系的全盘引入，伴随着青年会19世纪末在美国的大规模扩张，体操健身文化在

① PFISTER G. Gymnastics, a transatlantic movement: From Europe to America[M]. New York: Routledge, 2013.

图2-9　Milwaukee Turnhalle室内场景
（资料来源：Gymnastics gym of the Milwaukee Turnverein.[EB/OL]. [2022.1]. https://commons.wikimedia.org/wiki/File: Milwaukee_Turnverein_gymnasium.jpg.）

图2-10　纽约体操大厅
（资料来源：Collection of Maggie Land Blanck, Harper's Weekly, September 20, 1890.[EB/OL]. [2022.1]. www.maggieblanck. com/NewYork/Societies.html.）

20世纪初成为美国东海岸健身文化的核心力量[1]。

二、健美健身文化

当代健美健身文化是指由商业健身房推动的以肌肉和形体美为内核的大众健身文化。19世纪，随着对力量、强壮体魄和肌肉追求的复兴，以肌肉和形体美为目标的负重训练在肌肉表演者的推动下重新回归大众视野；而以此为基础，围绕肌肉和形体美而形成的健美竞技、商业健身房等，同负重训练一起共同构成了当代健美健身文化。

（一）负重训练和商业健身房的萌芽

负重训练早在古希腊时期就已经出现，训练者会通过岩石、大的石头桌子、圆形石头、棒子以及一种类似当代哑铃的有把手的重物进行练习[2]，进而达到变强壮、拥有更好肌肉形状等目标。17世纪，

① CHALINE E. The temple of perfection: A history of the gym[M]. Reaktion Books, 2015.

② TODD J. From Milo to Milo: A history of barbells, dumbells, and indian clubs[J]. Iron Game History, 1995, (6).

面对荒芜的北美大陆，欧洲移民们树立了"勇猛者"（People of Prowess）[1]的形象以及基于生存的力量文化，而始于18世纪末的美国"西进运动"则进一步加强了人们对力量和健壮体魄的追求[2]。基于此，19世纪展示力量和肌肉形体的肌肉表演应运而生，专业肌肉表演者群体也逐步成型，并成为"力量文化"的最为重要的宣传者和推动者。

19世纪中叶，随着法国大革命的结束，社会开始趋于稳定。而经过19世纪初阿莫罗斯的努力，以其为基础的健身俱乐部在社会中已经出现。这些俱乐部沿用了阿莫罗斯的健身法，但空间品质极为简陋：地面铺设的用于缓冲的木屑"从来不会更换，积满了灰尘"，致使整个健身房十分肮脏；墙面为了采光而采用的玻璃窗使得健身房"冬天非常寒冷而到了夏天就成了一个'烤箱'"[3]。随着工业革命而出现的资本家和有钱的中产阶级自然不愿意在这样的健身房中进行健身运动，他们希望能够以"有别于体力劳动者"的方式进行健身运动[4]。全新的健身房和健身模式呼之欲出。

1846年，"肌肉表演者"伊波利特·特里亚（Hippolyte Triat）在巴黎开创了世界上第一个商业健身房——Gymnase Triat健身房（图2-11、图2-12）。该健身房采用了精致的建筑风格，4层高的健身大厅敞亮而不失古典，端头的主题雕塑装饰又使其内部的健身活动有了一丝庄重和神圣的空间感；高品质的健身房空间带来的是更为舒适的健身体验。其内的健身内容结合了大

① STRUNA N L. People of prowess: Sport, leisure, and labor in early Anglo-America [M]. University of Illinois Press, 1996.

② BECKWITH K A. Building Strength: Alan Calvert, the Milo Bar-bell Company, and the Modernization of American Weight Training[D]. Austin: The University of Texas at Austin, 2006.

③ LE COEUR M. Couvert, découvert, redécouvert… L'invention du gymnase scolaire en France（1818-1872）[J]. Histoire de l'éducation, 2004: 6.

④ CHALINE E. The temple of perfection: A history of the gym[M]. Reaktion Books, 2015.

图2-11　Gymnase Triat健身房内训练场景（1854）
（资料来源：DESBONNET E. H. Triat - REGENERATION DE L'HOMME [EB/OL].
https://quod.lib.umich.edu/g/genpub/4908148.0001.001/85.）

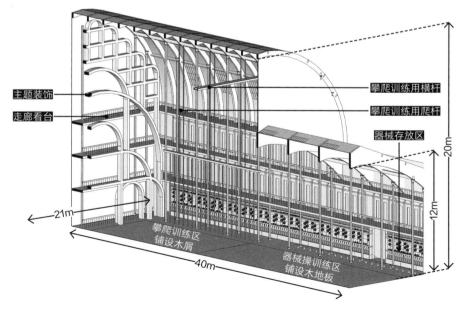

图2-12　Gymnase Triat健身房内部空间

众熟识的团体训练方式和原本用于肌肉表演者训练的负重训练方式，加上特里亚的编排，形成了"器械团体操"的独特训练方式：训练者在教练的带领下，手持哑铃或印度棒进行相应动作的训练。这在很大程度上推广了原本陌生、高门槛的负重训练方式，大大推动了哑铃、杠铃以及印度棒等器械的普及。

Gymnase Triat健身房取得了巨大成功，1860年，巴黎便已经有20家类似的商业健身房，其中甚至包括只面向女性的健身房[①]。虽然在训练内容和健身场所形态上都同当代的健美健身文化大相径庭，但特里亚开创的商业运营模式和负重训练方式为之后健美文化的出现在形态和方法上奠定了坚实的基础。

（二）健美健身文化的初现

在特里亚的开创下，负重的健身方式开始进入大众视野，并很快在法国普及。戴克里先·里维斯（Diocletian Lewis）将负重训练和团体操课的健身模式引入到美国，提出了一套轻量级的体能训练法，配合音乐和器械进行。同时代的乔治·巴克·温希普（George Barker Windship）则更为激进地开创了以"硬拉"为主要方式的力量训练体系"Health Lift"和专门的"硬拉"器械，并提出了"强壮就是健康"[②]的口号。他们的尝试进一步向大众普及了负重的健身方式。

伴随着力量训练的逐步兴起，普鲁士肌肉表演者尤金·山道（Eugen Sandow）借助19世纪中叶出现的摄影术，通过大量影印自己的健美肌肉照片以及表演照片，进一步唤起了人们对肌肉和健硕身材的喜

① DESBONNET E, CHAPMAN D. Hippolyte Triat[J]. Iron Game History, 1995, 4（1）: 7-9.

② TODD J. "Strength is Health"：George Barker Windship and the First American Weight Training Boom[J]. Iron game history, 1993, 3(1): 3-14.

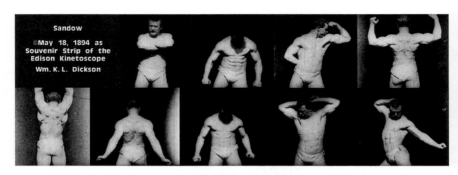

图2-13 1894年山道在美国巡回表演的视频截图
（资料来源：http://upload.wikimedia.org/wikipedia/commons/0/03/Sandow_ca1894.ogv，[2022.1]）

爱和追求。而1893年在美国纽约和芝加哥的巡回表演更是让他在美国名声大噪（图2-13），影响了诸如查尔斯·阿特拉斯等美国健身先驱。回到伦敦后，除了开设自己的健身房、创办健身杂志外，1901年山道还在伦敦的Royal Albert Hall前广场上举行了世界上第一次的健身选美比赛。可以认为，山道开创了以肌肉和形体美为核心的"健美"健身文化，他也被誉为"健美运动之父"[1]。

然而，健美健身文化在20世纪初的美国，尤其是东海岸，受到了以基督教青年会为载体的体操健身体系的极大冲击，商业健身房在短暂的发展之后很快因为资金等实际因素而关闭。随着山道在美国的连锁健身房关闭和健身杂志停办，健美健身文化进入短暂的低谷期。

（三）肌肉海滩（Muscle Beach）和健美健身文化的全面发展

在美国西海岸，随着肌肉沙滩的出现，"健美"健身文化全面发展。1934年，位于

[1] SANDOW E [EB/OL]. [2017-01-31]. https://en.wikipedia.org/wiki/Eugen_Sandow.

美国西海岸的圣莫尼卡市的圣莫尼卡中学利用一片沙滩作为室外健身训练的操场，并于1936年在沙滩上修建了木头舞台以及固定的吊环、单双杠等器械用于健身训练。固定器械的加入使得人们开始在沙滩上聚集进行健身运动。1938年，这片操场成了以体操、杂技为主的健身文化高度集中的沙滩；而由于距离好莱坞不远，肌肉明星也开始在这片沙滩上出现。这片沙滩正式得名"肌肉沙滩"（图2-14）。"二战"后，舞台设施进一步扩建，加建了可以用哑铃、杠铃等负重训练区，并得到周边大量商业健身房的支持。史蒂夫·里弗斯和乔治·埃夫曼等好莱坞知名肌肉明星更是成为肌肉沙滩上力量器械的常客。硬件的提升和明星效应促使负重训练和"力量文化"开始成为这片沙滩的主角（图2-15）。而1947年开始举行的"Mr. and Miss Muscle Beach健美选美比赛"则进一步明确了沙滩健美的主题（图2-16）。虽然最终因为肌肉沙滩火热程度的失控而被

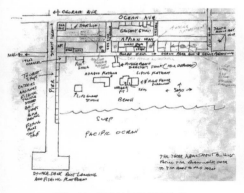

图2-14　肌肉沙滩的平面布局
（资料来源：YARNELL D. Great Men, Great Gyms of the Golden Age[M]. CreateSpace Independent Publishing Platform, 2012.）

图2-15　肌肉沙滩的火爆场景
（资料来源：ZINKIN H, HEARN B. Remembering Muscle Beach：Where Hard Bodies Began：Photographs and Memories[M]. Angel City Press, 1999.）

图2-16　肌肉沙滩上的舞台表演
（资料来源：同图2-15.）

迫关闭，但它却成为健美健身文化发展的重要转折点。在肌肉沙滩
不到30年的历程中，健身运动在周边商业健身房、好莱坞肌肉明星
以及沙滩文化的共同影响下，从"闭关修行"转变为同时具有参与
性和观赏性的大众休闲活动。同时，人们对身体美和力量美有了全
新的理解，带来的是健美健身文化的全面爆发。

肌肉沙滩宝贵的健美健身文化"遗产"由雨后春笋般出现的商
业健身房得以继承。它们推动着健美健身文化向着两条截然不同的
方向发展——深度和广度。

图2-17　肌肉沙滩健身房1955年内部场景
（资料来源：HANSEN A. Muscle Beach
Inc [EB/OL]. https://ditillo2.blogspot.
com/2012/01/muscle-beach-inc-arnold-
j-hansen.html.）

① MURRAY E. Muscle Beach[M].
London: Arrow Books, 1980.

② CHALINE E. The temple of perfection:
A history of the gym[M]. Reaktion
Books, 2015.

　　深度发展主要表现在对健美健身文化的本源即肌肉和形体美的深度挖掘，向"专业健美运动训练"的定位发展。其最突出地表现在肌肉沙滩时期周边出现的大量"地牢健身房"（Dungeon）中（图2-17）。"地牢健身房"往往就是一个阴暗的堆满了健身器械的"脏乱差"甚至会漏水的地下室①。在这个完全男性化的空间中，没有任何其他物质生活的打扰，训练者所有的关注都集中到杠铃、哑铃上，负重训练成为唯一的主题，因此受到大量专业健美训练者的喜爱。1965年，乔·金（Joe Gold）开设了Gold's Gym健身房，可以认为是"地牢健身房"的延续。其内空间虽然变得干净而明亮，然而在20世纪60年代依然没有背景音乐、私人教练、广受大众欢迎的团体操课等；"整个空间唯一显得跟上时代的室内设计就是镜子墙"②。然而正是在这种落后于时代的简陋环境中，诞生了以施瓦辛格为代表的大量专业健美运动员和爱好者；Gold's Gym也被誉为"健美运动的'麦加'"（图2-18）。

　　广度发展则表现为对健美健身文化在空间体验、受众群体、运动类型等问题的探索和尝试，将专业的健美向"健康的生

图2-18　施瓦辛格在Gold's健身房中训练的场景
（资料来源：https://www.bodybuilding.com/fun/
images/2010/over-training-back-in-the-day_
b.jpg.[2022.1]）

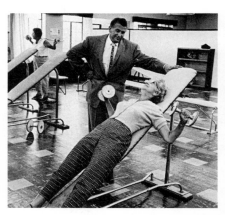

图2-19　维克·坦尼和健身房中的老年健身者
（资料来源：https://artsandculture.google.com/
asset/lwEU2U4Aqg8sOg?hl=zh.[2022.1]）

活方式"的定位发展。维克·坦尼（Vic Tanny）在20世纪50年代
打造了同"地牢健身房"截然不同的商业健身俱乐部，"干净、整
洁和舒适，训练区域有舒缓的音乐，铺设地毯并有大片的镜子墙，
区域内整齐陈列着没有灰尘的圆形杠铃片等自由器械以及力量训练
器械"[1]。高品质的健身体验吸引了大量女性甚至是老人加入健身
运动（图2-19）。杰克·拉兰内（Jack LaLanne）于1951年在洛杉
矶当地电视台开设了"The Jack LaLanne Show"电视健身节目，
用以传播家庭健身的方法以及健康饮食理念，开启了"电视健身"
的先河。与此同时，从60年代开始逐渐兴
起的"慢跑"文化也进一步掀起了全民健
身的热潮。而20世纪80年代《健康公民》
的颁布更是从政策上推动了健身运动的发
展[2]。上述事件都拉低了健身运动的门槛，

① CHALINE E. The temple of perfection:
A history of the gym[M]. Reaktion
Books, 2015.

② 边宇，吕红芳. 美国《全民健身计划》解
读及对我国的启示[J]. 体育学刊，2011，
18（2）：69-73.

将"健美"健身文化大众化，成为一种健康而积极的生活方式。

深度和广度的发展呈现了健美健身文化在"专业竞技"和"休闲娱乐"的不同方向的探索。两者相互补充，共同推动了健美健身文化的全方位发展。1983年，时任美国总统里根出现在*Parade*杂志中，主题是"如何保持健康"（How to stay fit）。文中讨论了他的保持健康的方法，并直接引用了一张他使用器械进行腿部训练的照片。由此不难看出，身体的健壮程度已然同男性气概相联系，同坚强、阳刚、硬派等印象相联系，甚至成为总统传达其治国能力的手段。这标志着当代"健美"健身文化的成熟和全面普及。

三、结语

纵观西方古代与近现代健身文化的历史演进，可以清晰地看到不同时代西方"大众健身"定位及其与社会文化的关联。古希腊的健身运动是一种宗教行为；体操健身文化中，健身有极为明确的"健康导向"，即能够明确提升训练者某些方面的运动技能；而在健美健身文化中，健身则成为一种"时尚文化"、一种生活方式，人们通过健身去获得外观形态、精神状态甚至社交维度的提升，而不单是健康，而这也构成了当代健身的主流文化形态。

中国大众健身空间的历史演进
—— 中西方健身空间的碰撞

西方的健身文化与空间源于古希腊，历经中世纪的沉寂，在启蒙运动对健康的诉求中重生，并逐步在20世纪成为一种大众文化。在中国，古代的传统文化中也有着与西方全民健身相对应的运动形式。而随着近代西方健身文化的引入，中西方健身文化碰撞交融，形成了独具中国特色的大众健身空间演进。

一、古代中国传统健身文化的空间缺失

当代中国语境中的"健身"一词源自西方。但这并不代表古代中国没有与之相对应的以健康为目的的运动形式。虽然在中国"重文抑武"的背景下，运动并非社会主流文化，但中国传统文化中依然孕育出"导引"和"习武"两类健身形式。

"导引"是中国传统文化中最接近西方语境下的健身运动的形式。其作为道家以"延年益寿"为目标的养生体系的重要组成部分，已有2000多年的悠久历史。西方学者称之为"道家医疗体育"（Taoist Medical Gymnatics）[1]（图3-1），甚至认为，中国的导引文化影响了瑞典体能先锋佩尔·亨里克·林的思想；在后者有着巨大世界影

① CIBOT P M. Notice du cong-fou des Bonzes Tao-sée[M]// Mémoires Concernant L'histoire, Les Sciences, Les Arts, Les Moeurs, Les Usages & c. Des Chinois, Par les Missionnaires de Pekin. 4th ed. Paris： Nyon, 1779: 441-451.

图3-1　传教士Amiot绘制的"导引"图（部分）

（资料来源：Cibot P M．Notice du cong-fou des Bonzes Tao-sée // Mémoires concernant l'histoire, les sciences, les arts, les mœurs, les usages & c. des Chinois, par les missionnaires de Pekin[M]. 4th ed. Paris：Nyon，1779：441-451.）

响力的体操训练方法中可以清晰地看到大量中国导引动作的影子[1]。然而，作为一种健身运动形式，导引并不一味地倡导运动、训练（"久言笑则脏腑伤，久坐立则筋骨伤"——《彭祖摄生养性论》），而是推崇适度或有节制的健身行为（"不骤行"——《彭祖摄生养性论》）。同时导引并不是一种集中时间进行的运动方式（"不能一日无损伤，不能一日修补"——《彭祖摄生养性论》），而是倡导完全融入日常生活中的一种养生意识。这最终导致导引并不依附或者需要特定专门的公共空间。

不同于"静"的导引，习武是一种"动"的中国传统健身运动形式。同古希腊的健身运动极为类似，"习武"在中国封建时期同战争息息相关，以战争人才储备为出发点。面向大众的习武存在专门的空间和场所。在统治层面，自宋代中期，作为武

① DUDGEON J. Kung-Fu, or Tauist Medical Gymnastics[M]. Library of Alexandria, 1895.

举系统的补充，以教授武术和兵法为目的的"武学"是官方的"习武"机构；然而在重文抑武的背景下，"武学"授课内容虽有射箭，但始终是以教授各类经书为主要方式，最终沦为供军二代"武转文"①的教育机构，被"府学"完全同化。这导致"武学"在空间格局上同"府学"并无差别，往往只是多出了一片射圃（最终大多也因使用频率过低而荒废）。而在民间，习武行为在多个朝代（如元代、清代）都受到了统治者的禁止，即便是在官方允许的朝代，民间的习武社团"武术乡社"往往也是"学社山前，平原作场"（北宋·调露子的《角力记》），在空间层面多为普通的空地，不能称为专门用于习武健身使用的公共空间。因此，虽然古代中国的习武存在官方的"武学"和民间的"武术乡社"，但两者均没有形成具有中国武术特色的公共习武空间。

　　综上所述，中国传统中的导引文化和习武文化由于中国重文抑武的传统，均没有在社会中形成具有专门的导引堂、习武室等场所，也没有产生具有中国传统特色的公共健身空间。

① 古代的武官在地位上往往低于文官，其背后的原因不仅是"重文抑武"的社会偏见，更是皇帝对"武官势力过大"的深层次担忧。武官往往希望自己的子孙能够转为文官，而"武学"的出现则正好满足了这一需求。这也导致即便是"武学"最鼎盛的明代，儒学经典也依然是教授的重点。

二、健身厅时期（19世纪末至抗日战争）

　　19世纪末，洋务运动作为中国清政府的一次"自救"，大量推广西方科学知识；而"体育"也作为西方科学以及教育体系的一部分，在洋务运动的大力推广下进入中国的教育体系。其主要表现在军事教育层面，如组建洋务派新军、学习德国兵操和体操、

① 谷世权. 中国体育史 [M]. 北京：北京体育大学出版社，1997.

② 陈晴. 清末民初新式体育的传入于嬗变 [D]. 武汉：华中师范大学，2007.

③ RISEDORPH K A. Reformers, and students: the YMCA in China, 1895-1935[D]. Washington University, 1994.

④ 张志伟. 基督化与世俗化的挣扎：上海基督教青年会研究1900—1922[M]. 第2版. 台北：台湾大学出版中心，2010.

⑤ JARVIE G, HWANG D J, BRENNAN M. Sport, Revolution and the Beijing Olympics[M]. Berg, 2008 27-28.

⑥ 左芙蓉. 社会福音·社会服务与社会改造——北京基督教青年会历史研究1906—1949[M]. 北京：宗教文化出版社，2005.

⑦ 上海中华基督教青年会全国协会. 城市青年会成立简史[M] // 上海中华基督教青年会全国协会. 中华基督教青年会五十周年纪念册：1885—1935. 上海：中华基督教青年会全国协会，1935.

开办军事学堂等①。随着1898年戊戌变法，西方"体育"的概念由军事教育全面进入到中国大众的视野。大量的西方体育运动传入中国，并借助教会学校大力传播。这些学校在幼稚班中设置游戏课，在中小学的课程中设置体操课，在教会大学设置体育会，专门负责组织田径、足球等体育项目活动②。西方的体育运动得以在中国扎根，体育文化逐步普及。这些均为健身文化的引入奠定了坚实的社会基础。

　　基督教青年会于19世纪末进入中国，并于1895年在天津建立了第一个城市级的中国本土青年会机构③。1907年，中国青年会的首个自建会所于上海的四川中路投入使用④。自建会所能够摆脱租赁场馆在功能空间上的束缚，将美国成熟的青年会会所空间模式带入中国（早期的中国青年会自建会所均为美国青年会的建筑师设计）；而作为在美国青年会会所的重要组成部分，健身房协同"体操健身"（Gymnastic）文化也由此于1909年引入中国⑤。由于青年会无法预估上海的青年人对体操健身文化的接受程度，限于造价，会所内的健身房并未采用美国青年会成熟的健身大厅模式，只是一个规模较小的房间。而随着上海四川中路青年会健身房的火爆和健身运动的大量普及，具有鲜明美国青年会特色的标准双层健身房很快出现在北京⑥、成都⑦、广州、天津等青年会会所中。这种"两层高并配备了一圈走廊跑道"①的大厅（图3-2）成为当时最为常见的大众健身运动的场所，并成为中国篮球的摇篮②（表3-1，图3-3～图3-5）。

　　20世纪20年代，随着基督教在中国的发展受阻，青年会的运营和发展也受到极大打击。中国青年会的会所建筑有的被拆除，有的转变为其他城市公共功能（如北京青年会会所成为电影院；天津青年会会所成为少年宫；上海西乔青年会成为独立的体育大厦，

① XING Wenjun. Social Gospel, Social Economics and the YMCA: Sidney Gamble and Princeton-in-Peking[D]. University of Massachusetts, 1992.

② 杨晓光. 天津市筹建"中国篮球博物馆"的可行性分析与筹建规划研究 [D]. 天津：天津体育学院, 2013.

1895～1935年全国重要城市基督教青年会会所建立及加建年份 表3-1

发展时期	建造年份（年）	基督教青年会会所
创始时期	1896	天津基督教青年会海大道会所
长成时期	1907	上海基督教青年会四川中路会所*
	1912	南京基督教青年会会所
发展时期	1913	北京基督教青年会会所* 成都基督教青年会会所* 香港基督教青年会必列啫士街会所 汉口基督教青年会临时会所
	1914	天津基督教青年会东马路会所*
	1915	太原基督教青年会会所 上海基督教青年会童子部加建*
	1916	广州基督教青年会会所*
	1917	汉口基督教青年会会所* 烟台基督教青年会会所
	1918	香港基督教青年会必列啫士街新会所* 广州基督教青年会会所童子部加建
	1919	杭州基督教青年会会所
	1921	苏州基督教青年会会所
	1922	西安基督教青年会会所 周村基督教青年会会所 杭州基督教青年会会所加建（健身房）*

续表

发展时期	建造年份（年）	基督教青年会会所
挫折时期	1923	汾阳基督教青年会会所
	1924	保定基督教青年会会所
	1925	台山基督教青年会会所
	1926	济南基督教青年会会所 南京基督教青年会府东街会所* 宁波基督教青年会会所 长沙基督教青年会会所 成都基督教青年会会所改造
	1927	南昌基督教青年会会所 厦门基督教青年会会所
	1928	太原基督教青年会会所改造*
	1929	汉口基督教青年会会所加建（校舍、沐浴室） 苏州基督教青年会会所加建（浴室和办公楼） 香港中华基督教青年会九龙窝打老道会所 上海西侨青年会会所*
复苏时期	1930	烟台基督教青年会会所改造
	1931	郑州基督教青年会苑陵路会所 上海基督教青年会八仙桥会所* 广州基督教青年会会所改造（童子部改为校舍）
	1934	香港中华基督教青年会九龙窝打老道会所扩建
	1935	昆明基督教青年会会所

注：1. *表示配备了健身房。
　　2. 汾阳基督教青年会是先有会所和组织并开展工作，后于1933年加入全国青年会体系。
　　3. 资料来源：宋如海. 青年会对于体育之贡献[M]//上海中华基督教青年会全国协会. 中华基督教青年会五十周年纪念册：1885—1935. 上海：中华基督教青年会全国协会，1935.

提供游泳馆和旅社等功能）。原本位于青年会中的健身房功能也随着本身定位的改变成为少年宫室内运动场、独立的游泳馆等。它们成为中国最早的体育建筑蓝本，在此之后，公共体育馆、校园体育馆等大量出现。

同时期，中国传统的习武文化也顺应健身文化的兴起成为定位健身的"国术"。借鉴青年会的组织形式，"中央国术馆"成立，全

图3-2 美国青年会会所标准的双层健身大厅空间
（资料来源：LUPKIN P．Manhood Factories：
YMCA Architecture and the Making of Modern
Urban Culture[M]. U of Minnesota Press，2010：
119.作者改绘）

图3-3 广州青年会健身房
（资料来源：宋如海．青年会对于体育之贡献[M]//
上海中华基督教青年会全国协会．中华基督教青年
会五十周年纪念册：1885—1935．上海：中华基督
教青年会全国协会，1935.）

图3-4 建设中的天津东马路会所内部健身房（1914）
（资料来源：https://umedia.lib.umn.edu/item/
p16022coll261：228[2022.1].）

图3-5 天津东马路会所平面
（资料来源：LUPKIN P．Manhood
Factories：YMCA Architecture and the
Making of Modern Urban Culture[M]．U of
Minnesota Press，2010：151.）

国各地也组建地方国术馆，推广国术，同西
方的体操健身"分庭抗礼"；而民间自发组
建的体育会[1]也成为普通民众习武健身的重
要团体，其中最具代表性的就是"精武体育
会"。在健身空间层面，这些国术馆和体育

① 包括浙江绍兴的大通体育会（1905）、广
东梅山的松江体育会（1907）、香港的
南华体育会（1908）、上海的精武体育
会（1910）、江浙的国民尚武会（1911）、
北京的体育竞进会（1922）、浙江体育会
（1912）等。（资料来源：韩锡曾．浅谈精
武体育会在我国近代体育史上的地位和作
用[J]．浙江体育科学，1993(1)：52-55.）

会借鉴了室内大厅的空间模式，出现了室内的"武厅"（图3-6）。而随着国术的逐步火爆，室内造价高昂、规模固定的"国术厅"无法承载大量的国术学员，这迫使国术馆和体育会逐步利用庭院、操场、空地等室外公共空间进行训练，作为室内健身厅的补充（图3-7）。

19世纪末至20世纪初是中国健身空间的萌芽期。青年会的引入让成熟的健身厅模式进入中国，成为这一时期中国健身空间的代表。而传统的习武文化也转变为受大众欢迎的国术，并借鉴青年会

图3-6　1916年精武体育会会所第一武厅（左）和第二武厅（右）
（资料来源：陈铁生. 精武本纪[M]. 上海：精武体育会，1919.）

图3-7　上海精武会第一分会所的训练场景（左）和半室外操场（右）
（资料来源：陈铁生. 精武本纪[M]. 上海：精武体育会，1919.）

的模式，在20世纪20年代末逐步接替青年会，成为中国最重要的公共健身组织，延续了室内健身厅的空间模式。而随着国术训练逐步向室外拓展，中国"健身场"时代开始孕育。

三、健身场时期（抗日战争后至改革开放）

随着抗日战争的打响，青年会、国术馆、体育馆作为强身健体的重要社会机构，被日军定为重点打击对象。除了四川等大后方，其余城市的青年会、国术馆建筑设施基本被毁（图3-8）。

抗日战争结束后，健身文化逐步复苏。室内健身空间由于造价高昂、建造复杂，恢复速度较为缓慢；简单易得的室外庭院、操场、空地则自然地接替健身厅，成为最为主要的健身空间形式，中

图3-8　南京青年会会所被日军摧毁后的遗址（1938）
（资料来源：https://umedia.lib.umn.edu/item/p16022coll261：2194 [2022.1]）

国进入"健身场"时代。

除了上述西方的体操健身文化和中国传统的习武文化，导引也结合了20世纪初的体育健身方式，以全新的面貌重现，主导了"健身场"对"厅"的取代，其中最大的推动者就是毛泽东主席。

毛泽东早年受到了教育家杨昌济的影响[①]，极其重视体育运动和体育教育。1917年，他撰写的《体育之研究》一文[②]就阐述了中国历史上体育文化的重要地位以及当时体育教育的弊端，并基于中国传统的导引的思路，提出"六段运动"，包含6个部分，即手部运动、足部运动、躯干运动、头部运动、打击运动以及调和运动[③]，共计30个动作。采用导引的思路来定义"六段运动"，不难看出毛泽东力求通过降低健身运动的门槛，让更多民众加入到健身运动中的理念[④]。

新中国成立后，在毛泽东的推动下，1951年11月，中国第一套广播体操横空出世（图3-9）。它在模式上借鉴了苏联"卫生操"（又称作"早操"）的形式[⑤]；而在运动内容和形式上借鉴了当时在中国具有一定影响力的日本"辣椒操"[⑥]，最终形成了共10节全长5分钟的健身操内容。这一模式简单，门槛低，老少皆宜，极易推广。经过大规模的推广以及各地广播电台的支持，产生了巨大的社会影响力。"……当北京人出来做广播体操，把最后一个梦魇赶出睡乡，城里整齐的小巷大街一下子变成了运

① 周元超. 论杨昌济先生对毛泽东早期体育思想的影响 [J]. 当代教育理论与实践，2009（1）：3-4.

② 李中武. 杨昌济体育教育思想研究 [D]. 长沙：湖南大学，2009.

③ 毛泽东. 体育之研究 [M]. 北京：人民体育出版社，1979.

④ 刘焕明，李雷，刘威. 毛泽东《体育之研究》之研究 [J]. 河南广播电视大学学报，2008，21（2）：18-19.

⑤ 于丽爽. 中国广播体操由来 [J]. 传承，2010（10）：10-12.

⑥ 1925年，Metlife公司首创通过广播的方式播放15分钟的健身操，取代人工的口令，受到了大众的欢迎。这一形式传入日本，作为第124代裕仁天皇登基的福利工程，1928年11月1日由日本邮政局人寿保险局与NHK广播电台和教育部合作发布，名为Rajio taisō（Japan's Radio Calisthenics，日本广播体操）。日本广播健身操于新中国成立后传入我国，受到了广大群众的欢迎。因日语发音类似"辣椒"，故也被称为"辣椒操"。（资料来源：见⑤）。

图3-9　1951年发行的第一套广播体操主题纪念邮票
（资料来源：www.sohu.com/a/301736973_486911.[2022.1]）

动场"（苏联诗人吉洪诺夫20世纪50年代来华所作）描绘的正是广播体操的盛景[①]。

　　中国广播体操作为这一时期最具代表也是受众最广的大众健身形式，点燃了大众健身运动的热情。这种"只需音乐、不限时间、不限地形、完全徒手"的"新导引"[②]填补了当时普通大众对健身运动的需求空白，极大地推动了健身空间的室外化进程。城市中的广场、操场、甚至是街道、农村耕地旁的空地，都成了"健身场"（图3-10）。

　　从抗日战争胜利到20世纪60年代中期，是中国健身文化的高速发展期。战争的破坏致使室内"健身厅"全面被室外的"健身场"取代，而"新导引"的横空出世极大地提升了健身运动的普及程度，在国家

① 于丽爽. 中国广播体操由来 [J]. 传承，2010（10）：10-12.

② 虽然广播体操是脱胎于传统导引的"新导引"，但由于大众对广播体操的接受度远高于导引，因此，更多的是将传统导引称为"中国古代的广播体操"。

图3-10　全民普及广播体操
（资料来源：www.sohu.com/a/301736973_486911.[2022.1]）

层面的推广下，它一举超过体操和国术，成为"健身场"中主导的健身形式。随着健身文化的逐步深入，部分健身者开始寻求更具挑战和难度的健身形式内容，更为专业的室内训练空间开始重新兴起，"健身室"的时代开始孕育。

四、健身室时期（改革开放至今）

健身文化普及的深入带来了对新的健身体系的巨大需求。广播体操这种虽然普及但简单易学的健身方式逐渐无法满足健身爱好者的需求。传统的国术由于"文革"的影响，从主流的健身文化体系中消失；体操健身体系日渐式微，仅仅在针对青少年的体育教育中得以保留。大众期待着全新的健身体系的出现。

20世纪70年代末，随着改革开放的到来，人们的思想和行为得到解放，"形体美"逐渐成为人们的追求[1]；以肌肉和形体美为目的的健美运动开始逐步复苏（图3-11），大量以举重运动为主要

① 郭庆红，王琳钢，刘铁民，等. 忆往昔峥嵘岁月稠——上世纪八十年代健身健美运动发展回顾 [J]. 科学健身，2011（11）：77-87.

图3-11　1950年上海解放周年庆的彩车游行中的　　　图3-12　1980年创刊的《健与美》
　　　　　　　　"健美"方阵　　　　　　　　　　　　（资料来源：www.efit.cn/经典回顾：扒一
（资料来源：https://commons.wikimedia.org/wiki/File：　　扒\1980年代的健美时尚/.[2022.01]）
Shanghai_Muscle_Man_1950.jpg.[2022.01]）

运动训练方式的举重馆、健美训练班等在这一时期密集出现。虽然主要针对专业的健身运动员，但也出现了诸如业余举重队、业余健美队等民间组织；而"健美"运动也逐步由举重运动的附属成了一项完全独立的运动形式（图3-12）。

　　1983年6月在上海举行的第一届"力士杯"男子健美邀请赛[①]更是进一步明确了"健美"运动的独立。20世纪80年代健美比赛的兴起进一步推动了大众对肌肉和形体美的追求，主打健美健身的训练馆大量出现。由于往往针对专业或业余运动员的训练，这些训练馆的空间极为简陋，大多数都是依附于体育馆，利用其中的某个房间临时改造而成（图3-13）。训练内容和器械也极为简陋，

① 郭庆红，王琳钢，刘铁民，等. 忆往昔峥嵘岁月稠——上世纪八十年代健身健美运动发展回顾 [J]. 科学健身，2011（11）：77-87.

图3-13　20世纪80年代的老健身房（左）和1989年的工体位于地下室的健身房（右）

[资料来源：郭庆红，王琳钢，刘铁民，等. 忆往昔峥嵘岁月稠——上世纪八十年代健身健美运动发展回顾[J]. 科学健身，2011（11）：77-87.]

大多使用杠铃作为唯一的器械，少数会采用哑铃甚至是自制的"铁家伙"[1]，而基本训练内容为最为传统的大重量的卧推、硬拉等动作；再加上当时绝大部分的健美专业运动员都为男性，女性健美专业运动员极少，这些健身房基本属于男性的空间。

　　20世纪80年代末到90年代初的通货膨胀让这些强烈依附于健美比赛的早期健美训练馆受到极大的影响。这些场馆很多被迫降低健身的门槛，让更多的健身爱好者也能参与到健美运动中；而"健美操"则成为当时健身房最大的吸引力[2]。伴随1995年《全民健身计划纲要》的提出，中央电视台《健美5分钟》节目引起社会巨大反响，"操房"开始成为健身房的标配（图3-14）。健身房不再是冷冰冰的训练馆，不再在地下室昏暗的小房间；其中的训练者也不再只是专业竞技比赛运动员，而是普通的健身爱好者，其中还包括大量女性。众多的商业连锁健身房开始出现（如马华健身、信华健身、浩沙健身、张贝健身等[3]）。

① 郭庆红，王琳钢，刘铁民，等. 忆往昔峥嵘岁月稠——上世纪八十年代健身健美运动发展回顾 [J]. 科学健身，2011（11）：77-87.

② 包蕾蕾. 中德健身业对比和发展趋势新探 [J]. 首都体育学院学报，2009（2）：172.

③ 同②。

图3-14　马华健身房内部操房（1997）
（资料来源：李江树 摄．[2022.01].https://www.sohu.com/a/363806207_505583）

　　20世纪90年代末至21世纪初，商业健身房迎来新的发展高潮。申奥的成功增加了人们对运动健身的热情，而"非典"的暴发也进一步让民众增强健康意识[1]。与此同时，"Fitness"（健康）理念的引入和普及，进一步带来健身理念的转型——"健身是一种生活方式"。通过弱化健身概念对健康、肌肉、形体的依附，健身进一步拓展到更多领域，如饮食、书籍甚至是社交。以此为基础，健身房也开始向俱乐部转型，不再局限于健美健身体系和健身操，而是成为集合游泳、拳击、SPA等功能[2]的健康运动综合体，进而形成独特的健康运动社交圈。而不同的健身俱乐部也进一步在训练内容、运营模式、面向人群等方面细化，往更具针对性的特色化发展方向。例如，针对高端人士开设的连锁健身品牌"青鸟健身"，主打微型健身舱（图3-15）和品牌操课（图3-16）的"超级猩猩"，主打互联网运营的"乐刻健身"等。

① 包蕾蕾. 中德健身业对比和发展趋势新探
　[J]. 首都体育学院学报, 2009（2）: 172.

② 同①。

图3-15　"超级猩猩"健身舱

（资料来源：http://www.archdaily.cn/cn/788709/ chao-ji-xing-xing-jian-shen-cang-ma-yue. [2022.01]）

图3-16　"超级猩猩"单车健身房

（资料来源：https://www.iyiou.com/ p/62191.html. [2022.01]）

改革开放至今，伴随着健美健身文化的重新回归，大众对健身形成内容更高的追求得以满足，室内更具专业性的健身空间也逐步淘汰了室外的"健身场"，重新成为健身爱好者的选择。伴随着健美比赛的出现和健美健身产业的逐步成熟，健美健身的空间摆脱了"健身厅"内部大型器械的空间限制和团体训练的形式限制，变得更小、也更专业化。经历了20世纪70年代的职业训练室、80年代的业余训练馆、90年代的大众健身房以及21世纪至今的健身俱乐部的演化过程，"健身室"的空间也从品质低下、功能单一向着舒适而多元的方向发展。

五、独具中国特色的健身空间发展轨迹

中国的全民健身空间有着极具特色的阶段性。来自西方的体操和健美文化与源自传统中国文化的导引和习武共同构成了中国全民健身空间的演进背后的文化线索。4种中西方截然不同的健身文化

的起起落落，协同其所对应的健身空间模式，共同构成了中国健身空间独具特色的演进过程。不同于西方"室外健身场—室内健身厅—室内健身室"的空间由大到小、由内到外的连贯演进，中国健身空间的演进包含了中西方健身文化的碰撞和融合，也受到了战争等社会事件的直接影响，呈现出"室内健身厅—室外健身场—室内健身室"的空间发展轨迹（图3-17），也反映了不同时期人们对"健康"的不同解读和追求健康的不同方式。

在当代，虽然全民健身的空间以健身室为主，但健身厅、健身场也依然存在。健身室面向更为专业化、高强度的健身需求，健身厅依然出现在学校等机构设施中，满足团体健身训练和多功能健身运动使用的功能。而健身场则与城市和社区中的公共绿地、广场相结合，满足低强度、全年龄的全民健身需求。不同的健身空间与不同的健身需求相匹配，构建了当代全民健身多元的空间设施体系。

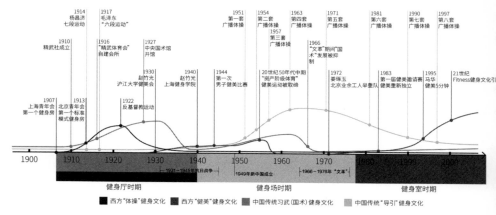

图3-17　中国公共健身空间历史演进及其背后的文化线索

中国健身空间溯源
——上海青年会四川中路会所

西方的体操健身文化与健身空间模式由青年会在20世纪初传入中国。其中，上海四川中路青年会会所是体操健身文化传播的先锋。本章将聚焦上海青年会四川中路会所的历史，探寻狭义上中国第一个全民健身空间的出现始末及其对于中国近代全民健身文化和空间的影响。

一、中国现代健身文化的滥觞

青年会最早于1895年引入天津，初期主要通过日校和夜校的形式面向中国青年传播算数、科学等知识技能[1]。1900年，青年会进入上海，最初会所位于苏州南路17号，同年10月搬至南京路10号。随着会员逐渐增多，到1903年，青年会会所已经无法提供足够的空间。因此，同年7月青年会会所搬至北京路15B号。多次搬迁的麻烦，加上随着资金、造价、购地等难题的解决，促使青年会委员会最终决定在上海建造属于自己的会所建筑。1905年四川中路会所正式开工，并于1907年落成使用。1909年随着面向普通青年人开放的健身房的引入，它成为中国历史上第一个（狭义上）全民健身[2]空间。正是因为上述的历史价值，上海青年会四川中路会所

[1] 张志伟. 基督化与世俗化的挣扎：上海基督教青年会研究1900—1922[M]. 第2版. 台北：台湾大学出版中心，2010.

[2] 此处的"健身"为狭义的健身概念，即单指西方语境下的体操健身与健美健身文化。中国传统的健身文化"导引、民间习武"以及当代广义的健身运动并不在该概念讨论范围中。

于2005年成为第四批上海市优秀历史建筑[1]
（图4-1、图4-2）。

　　"一九〇九年，一个现代体育的程序在
艾司诺博士（Dr. M. T. Exner）领导之下得
了组织与系统。艾博士是北美青年协会派
遣来华服务的一位体育干事。他刚到了中
国，于预备安妥了一个会所之后，就立刻
选了二十名青年，开始手训练，当上海健
身室开幕的时候，他们便表演了一回。这
一次的表演成功了，证明中华民族对于体
育方面有莫大的希望（图4-3）。"[2]

① 该建筑现为上海浦光中学。浦光中学前身
为青年会于1901年开办的日校。在1992
年，由于建筑结构随时间磨损严重，童子
部建筑由原来4层的砖木结构建筑完全重
建为5层的钢筋混凝土建筑。1993年，会
所主楼也进行了加固，由3层变为了4层，
外立面得以保留；同时，在其屋顶上加建
了4层，用作青年会使用。

② 宋如海. 青年会对于体育之贡献[M]//上海
中华基督教青年会全国协会. 中华基督教
青年会五十周年纪念册：1885—1935. 上
海：中华基督教青年会全国协会，1935.

图4-1　上海浦光中学（原上海青年会建筑）

图4-2　上海青年会建筑（1900～1910年）
（资料来源：https://umedia.lib.umn.edu/item/p16022coll261：
2197, 2022.1 ）

图4-3　上海青年会第一个健身班合影
（资料来源：上海年华，http://memory.
library.sh.cn/node/31454, 20121.01 ）

　　虽然体操健身文化源自西方，在当时的中国并无群众基础，但上海青年会借助当时社会中产阶级和达官贵族热衷的日校和夜校①带来的群众基础和社会影响力，很快让健身运动向各阶层普及，成为上海青年会最受欢迎的公共活动。顺应这一社会风潮，也响应美国本土"Muscular Christian"政策的号召，上海青年会在四川中路会所以西的空地上建设二期会所，用于童子部使用（图4-4）；其中配备了室内游泳池②（图4-5、图4-6）、室内乒乓球室等面向大众的运动健身设施。童子部的加建极大地拓展了会所大众健身空间的功能，并以此为基础形成了"健身房+游泳池"的大众健身空间功能体系的基本模式。

　　"健身房+游泳池"模式最早由1885年的芝加哥青年会开创。其内健身房是一个配备二层跑道的健身大厅（青年会标准健身房空间模式），而游泳池则主要用于沐浴、游戏和比赛。这种模式获得了巨大成功，美国各地的青年会争相效仿。至1895年，全美国就

① 张志伟. 基督化与世俗化的挣扎：上海基督教青年会研究1900—1922[M]. 第2版. 台北：台湾大学出版中心，2010.

② 该游泳池是上海市的第一个室内游泳池，但并非中国的第一个室内游泳池。中国第一个室内游泳池位于广州沙面，是一个独立的游泳馆。泳道长22.5m。直到现在，该游泳馆依然对外开放，并入选广州游泳馆前十。

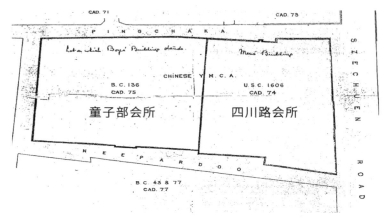

图4-4　四川中路会所主楼和童子部的区位关系
（资料来源：张志伟. 基督化与世俗化的挣扎：上海基督教青年会研究1900—1922[M].
第2版. 台北：台湾大学出版中心，2010.）

**图4-5　《时事新报》对上海青年会开
设室内游泳池的报道**
[资料来源：上海青年会创设之中国第一游
泳池[N]. 时事新报，1915-06-30（4）]

图4-6　上海青年会室内游泳池实景
（资料来源：宋如海. 青年会对于体育之贡献[M]//上海中华基
督教青年会全国协会. 中华基督教青年会五十周年纪念册：
1885—1935. 上海：中华基督教青年会全国协会，1935.）

已经有17个青年会会所采用这种模式，而
它也成为之后青年会会所健身体系的标准
空间配置[1]。随着上海四川中路青年会的建
立，该模式也进入中国，成为全民健身机

① LUPKIN, P. Manhood Factories:
YMCA Architecture and the Making of
Modern Urban Culture[M]. University
of Minnesota Press, 2010.

构的标配。同独立的健身房和独立游泳馆不同，配合健身房的室内游泳池一方面借助健身房已经建立的群众基础，更好地传播大众游泳运动文化；另一方面对原本健身房运动训练的多样性也是非常有利的补充（图4-7）。上海青年会四川中路会所"室内健身房+室内游泳池"的模式引入是中国大众健身空间模式的成功尝试，也是中国健身文化的一次重要的空间革新。而上海青年会四川中路会所也毫无疑问是上海乃至中国大众健身空间的重要源头。

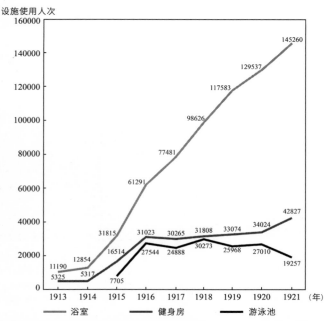

自从1915年游泳池对外开放，健身房和浴室的使用也随之极大增加。这反映出配合游泳池的健身房模式的巨大成功。

图4-7 上海青年会中体育设施使用次数统计

（资料来源：作者自绘，数据来源：张志伟.基督化与世俗化的挣扎：上海基督教青年会研究1900—1922[M].第2版．台北：台湾大学出版中心，2010：205）

随着越来越多的人通过青年会四川中路会所体验到了健身运动的魅力，西方体操健身文化与全民健身意识逐渐融入中国中产阶级的日常生活中。虽然很难查证到底多少人参与到当时青年会的健身活动中，也无法考证这些健身训练是否真对中国民众的体质产生了影响，但不可否认的是，青年会在当时中国广大的民众心中埋下了健身文化和全民健身的种子，而上海青年会四川中路会所毋庸置疑就是第一颗。

该会所一直作为上海青年会的所在地直到1931年八仙桥会所建立。之后，四川中路会所成为上海青年会的一个分会所，主要负责教育功能[①]。

二、中国第一个健身房建筑

作为中国第一个全民健身机构，上海青年会四川中路会所建筑分两期建造，一期主楼位于东边，规模较小；二期童子部，位于西边，无论层数还是占地面积都大于一期会所。青年会会所并非都是完全用于健身运动，而是一个"社会公共教育机构"；健身房、室内游泳馆是其体能教育的场所，而除此以外，其内还有大量教室、礼堂以及宿舍。

四川中路会所一期建筑是一幢较典型的新古典主义建筑（图4-8）。爱尔德洋行（Algar & Beesley）建筑师事务所是当时中国唯一对青年会有所了解的建筑师事务所[②]之一。该建筑限于造价，只有3层，规模较小，也没有采用美国青年会的新古典主义

① 城市青年会成立简史[M]//上海中华基督教青年会全国协会. 中华基督教青年会五十周年纪念册: 1885—1935. 上海: 中华基督教青年会全国协会, 1935.

② WRIGHT A. Twentieth Century Impressions of Hongkong, Shanghai, and other Treaty Ports of China: their history, people, commerce, industries, and resources[M]. Lloyds Greater Britain Publishing Company, 1908: 632.

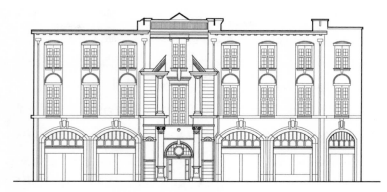

图4-8　上海青年会主楼主立面图

建筑中常见的三段式立面设计。建筑立面材料以清水砖墙为主，涂有红色涂料，只有入口区域采用了石材，这是为了降低整体造价而作出的妥协。正立面除去最北边多出一跨，其余部分是非常标准的对称设计。底层有5个尺度较大的拱形门洞，带券心石。2~3层为黑色钢窗，窗套3~4层的线脚强调了竖向线条。值得一提的是，底层单侧为2跨，而2~3层单侧为3跨，设计上有意错开，给予了立面一定的趣味和变化。建筑入口处有被打断的白色三角形山花装饰和爱奥尼柱式，形成立面的视觉中心。总体来说，整个立面风格同当时上海租界早期的西方建筑事务所的建筑风格是完全一致的[1]。

　　建筑设计受限于经费以及其他客观条件，作了诸多妥协。首先，1869年纽约的青年会会所设置了地下室用于健身房空间；而由于上海土地为"泥沙冲积成陆地软土地基"[2]，对于地下室的建造方式、技术难度和花销同纽约完全不同，致使最终没有建造地下室空间。其次，虽然内部功能参照纽约等美国青年会会所案

① 娄承浩，薛顺生. 老上海营造业及建筑史[M]. 上海：同济大学出版社，2004.

② 同①。

例，但由于当时上海青年会的教育和演讲活动最受欢迎，而对体育教育的需求还未出现，加上殉道堂委员会与青年会达成协议，希望建造一个公用的礼堂（图4-9），因此原本设计的"包含室内跑道的大型室内健身空间"（类似于1892年的Bridgeport青年会会所健身房）被取代[1]。最后，原本设计的屋顶花园以及同纽约会所一样的立面石材也因为资金吃紧而调整，屋顶花园被迫取消，立面材料也改为砖墙为主、局部石材的方案[2]。

　　一期会所平面类似于正方形，同纽约青年会会所一致，建筑底层为商铺，其自南向北依次为餐厅（2跨）、会所主入口、男士服装店、理发店以及商店（1938年），而殉道堂（礼堂）则位于沿街店铺后面。会所其他功能分布于2~3层，包括有照片记载的两层宽敞的门厅和沙龙、教室以及地方志中记载的宿舍、沐浴室、弹子房、

①　张志伟. 基督化与世俗化的挣扎：上海基督教青年会研究1900—1922[M]. 第2版. 台北：台湾大学出版中心，2010.

②　同①。

图4-9　四川中路会所中原本设计为健身房的殉道堂（1913）
（资料来源：https://umedia.lib.umn.edu/item/p16022coll261: 449, 2021.01）

① 第四节 上海基督教青年会和女青年会（上海市地方志办公室）[EB/OL]. [2022-01-22]. http://www.shtong.gov.cn/dfz_web/DFZ/Info?idnode=75318&tableName=userobject1a&id=92061.

② 张志伟. 基督化与世俗化的挣扎：上海基督教青年会研究1900—1922[M]. 第2版. 台北：台湾大学出版中心，2010.

③ 二期童子部的用地紧挨着一期会所用地，位于其西边，于1909年10月14日趁着该地出售迅速买下。

④ Shattuck & Hussey建筑设计事务所也是当时北美诸多青年会的设计师，并于1915年设计了天津青年会。

游戏室、手球房等①，而健身房空间也同其他房间类似布局，规模不大，也没有太多的文字和图片记载。

四川中路会所落成后，受到社会人士极大欢迎，不到两年，内部空间使用就开始吃紧。

"本会当此新屋告成时，以为若大会所必须是年始能充满，不料自落成以来，似有不敷应用，以致有今日复行在外赁屋舍以备幼稚宿食用。……目下会友中已有提议添设幼稚所之问题，想不久可以定夺。"②

于是1909年扩建童子部就提上了上海青年会的日程。然而由于资金以及土地③的诸多限制，童子部于1915年10月才最终竣工。童子部同主楼建筑风格大体类似；虽然建筑规模远超过一期，但设计手法更为简洁。建筑师为当时全国（青年会）协会建筑部门干事爱腾生（Authur Adamson），并由北美协会专门委托的建筑师事务所 Shattuck & Hussey④提出修改意见。由于背负了一期超出预算的造价负担，二期的设计风格更是偏重实用：立面共5层，开窗较为简洁整齐，装饰较少，即使是入口也没有进行过多的突出设计。即便如此，整体立面依然采用了三段式的设计语言，比例和谐，整体美观大气（图4-10~图4-12）。

二期建筑内部增加了大量同运动、健身相关的公共功能，其中一层的室内游泳池是上海市第一个室内游泳设施，一经开放就受到了极大欢迎。作为会所健身空间的重要补充，游泳室平面呈梯形，室内面积约为270m²；其中水池长18.3m，宽6m，水池深1.2~2.4m。

同上海基督教青年会
四川中路会所主楼相连

图4-10　上海青年会童子部南立面

图4-11　上海青年会童子部
（资料来源：https://umedia.lib.umn.edu/item/
p16022coll261：1945，2022.1）

图4-12　童子部大楼建筑设计评图
（资料来源：https://umedia.lib.umn.edu/item/
p16022coll261：817，2022.1）

这一室内游泳池的规模虽然同现代室内游泳馆无法相比，但同1894年的芝加哥青年会（当时世界最大规模的青年会会所）中的游泳池相比，规模不相上下[1]（图4-13）；因此，可以认为上海青年会童子部的室内游泳池在空间品质和档次上都达到了世界较高水准。除了游泳池，建筑的5层还集中设置了宿舍[2]；其余空间以教室、演讲室为主。

[1]　芝加哥青年会会所的游泳室面积为234m²，其中泳池尺寸为21.6m×6.7m。

[2]　"……（童子部）承造人遂有改作四层楼之议论，嗣经董事部决议以五层楼宿舍万不能少……"
（资料来源：张志伟.基督化与世俗化的挣扎：上海基督教青年会研究1900—1922[M].第2版.台北：台湾大学出版中心，2010.）

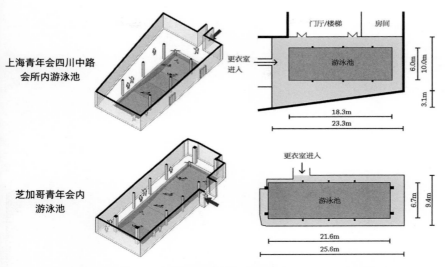

上海青年会四川中路
会所内游泳池

芝加哥青年会内
游泳池

门厅/楼梯 房间

更衣室
进入

游泳池

6.0m
10.0m

3.1m

18.3m
23.3m

更衣室进入

游泳池

6.7m
9.4m

21.6m
25.6m

图4-13 上海青年会四川中路会所和芝加哥青年会内游泳池及房间尺度比较

　　上海青年会四川中路会所的外观设计与美国1869年纽约第一个自主建造的青年会会所存在诸多共同点。尽管由于造价所限，会所的主楼、童子部在规模上与纽约青年会会所有较大差距，但这3栋建筑均采用了新古典主义风格，以规律的立面节奏、两侧对称等手法突出了青年会建筑的古典气质。3栋建筑立面材料都使用石材以凸显建筑的庄重感，但上海青年会四川中路会所和童子部的石材使用仅限于入口附近的重点部位。建筑沿街都预留了商铺的空间，而内部也都配备了大型的礼堂和专门的健身运动空间。这些共同点也大多为其后的中国青年会会所传承和发展（表4-1）。

三个青年会建筑比较 表4-1

项目	纽约青年会	上海青年会四川中路会所主楼	上海青年会四川中路会所童子部
建造时间	1869年	1907年	1915年
建筑师	Shattuck & Hussey	Algar & Beesley	Authur Adamson Shattuck & Hussey
立面风格	新古典主义、三段式	新古典主义、非三段式	新古典主义、三段式
层数	5层（有地下室）	3层（无地下室）	5层（无地下室）
健身空间	健身房（位于地下室）	小型健身室	室内游泳池、乒乓球室
其他功能	礼堂、教室、图书馆	礼堂、教室	教室、宿舍（位于5层）

三、中国近代体育建筑的经典模式

　　青年会由于源自于教会，因此，在当代的研究中，往往会归类到宗教建筑（同教会、教堂一类），而非体育建筑。然而，作为西方全民健身文化的载体，青年会为20世纪初健身乃至体育文化在中国的传播作出了重要贡献。普通民众通过参与青年会组织的健身运动课程，直接或者间接地了解到现代体育健身文化，体验了包括体操在内的体育运动并逐渐开始将其融入日常的生活[1]。与此同时，青年会的建筑也成为之后的体育建筑，尤其是健身房建筑的重要参照。

　　作为中国第一个青年会自主建造的会所以及引入健身文化的先驱，四川中路会所无疑为中国后续的青年会所建筑的建设打好了基础，提供了成功案例。随着上海青年会会所及其二期童子部中全民健身体

----

[1]　清朝末期，北京的娱乐活动主要是看戏、节庆、听评书、中国式赛马以及由歌女或者公众表演者陪伴的娱乐。而随着青年会引入了健身运动，全民健身和体育运动逐步成为当时青年人的时尚休闲娱乐方式。（资料来源：左芙蓉. 社会福音·社会服务与社会改造——北京基督教青年会历史研究1906—1949[M]. 北京：宗教文化出版社，2005.）

系的大受欢迎，"健身房+室内游泳馆"的青年会健身设施体系也正式在中国扎根；之后相继建设的天津青年会东马路会所（1914）、广州青年会会所（1914）和香港青年会会所（1918）不仅传承了上海青年会会所的健身"基因"，而且还引入了由美国波士顿青年会会所（1873）和布里奇波特青年会会所（1892）创立并普及的"二层跑马廊大厅"模式（健身房高两层，一层为场地，可作为团体训练使用，也可兼用于篮球场地；二层围绕场地一圈为跑道），进一步带来我国全民健身空间品质的提升。至20世纪20年代，健身房和室内游泳池基本成为各地青年会会所的标配。

全民健身文化的影响力不只局限于青年会内。青年会中的"二层跑马廊"模式的健身房和"健身房+游泳池"的健身设施体系极大地影响了当时社会的其他体育健身设施，成为中国最早的体育建筑蓝本。例如，作为全国高校第一个体育场的清华大学西体育馆就采用了"健身房+游泳池"的模式，在1916～1921年的第一期建筑中，就包括了前馆和游泳馆（图4-14）；其中前馆的空间模式，就直接采用了同天津、广州和香港青年会会所一样的"二层跑马廊大

图4-14　清华大学西体育馆的健身房（上）和游泳池（下）

（资料来源：张复合，李蕴楠. 清华大学西体育馆研究[M]//中国近代建筑研究与保护. 北京：清华大学出版社，2008：379-380）

厅"模式。可以认为，由上海青年会四川中路会所开创的中国青年会建筑中的体育健身和空间体系探索了适合中国的全民健身空间形态和模式，为中国体育建筑的发展奠定了坚实基础。

四、中国近代健身文化先驱

上海青年会四川中路会所作为中国青年会第一个自主建造的带有健身空间的会所，继承了美国青年会会所体育健身的基因，并成功引入中国，创造了具有中国本土特色的全民健身文化、健身体系以及健身空间模式。在这个过程中，中国的体育健身文化由高端人士独享向大众化发展，为大众健身文化的普及奠定了文化基础。随后由青年会推动进行的多次全国范围的运动会以及1912年之后代表国家同日本、菲律宾进行的远东运动会更是标志着中国青年会在中国近代体育传播和发展中不可磨灭的贡献。

"第二期从一九〇九年到一九一九年，是中国体育进步会快的时期。……这个时期艾司诺博士对于中华民族身体的健康，的确有极大的贡献，他的影响便惹起了旁的教育机关对体育的注意。这个时期的后半期，中国各地的体育团体便组织起来了。一九一〇年，在南京当南洋工业展览会举行的时候，艾司诺博士便筹办了第一次的全国运动会，中国各地出席的运动员有一百五十八人之多。"[1]

随着上海青年会四川中路会所的成功以及健身教育的广受欢迎，中国青年会在初期提出的"德育、智育、体育"3个层面的教育模式[2]（图4-15）真正得到了贯

[1] 宋如海. 青年会对于体育之贡献[M]//上海中华基督教青年会全国协会. 中华基督教青年会五十周年纪念册: 1885—1935. 上海: 中华基督教青年会全国协会, 1935.

[2] 张志伟. 基督化与世俗化的挣扎: 上海基督教青年会研究1900—1922[M]. 第2版. 台北: 台湾大学出版中心, 2010.

彻和传播，而当时相对先进的西方教育模式在中国的成功实践
进一步加快了中国教育尤其是体育教育的更新和发展。这为之
后的民族复兴奠定了深厚的文化基础。

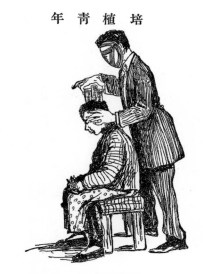

图4-15　中国青年会青年栽培原则
[资料来源：培植青年[J]. 上海青年，1919，18（3）]

理论

思辨

实证

当代全民健身空间现状
——基于社区的全民健身路径

在当代，全民健身无疑是社会研究的热点。1995年，国家颁布实施了《全民健身计划纲要》，首次响亮地提出了"加强身体素质锻炼"的口号。而2016年的《"健康中国2030"规划纲要》中则鲜明地提出了"到2035年，经常参加体育锻炼人数比例达到45%以上，人均体育场面积达到2.5m²"，明确了"健康中国"中体育锻炼与健身空间规划的重要性。2021年国务院印发的《全民健身计划（2021—2025年）》中更是将"社区15分钟健身圈实现全覆盖"定位为发展目标。而"广泛开展全民健身运动"和"完善全民健身公共服务体系"更是写入了"十四五"规划。

本章将视野聚焦于北京，关注社区中最常见的全民健身空间形式——全民健身路径，探讨这些全民健身空间的发展现状与真实问题。

一、最普及的大众健身空间

"全民健身路径"指基于社区修建的室外的小规模健身场地，具有一定的科学性、趣味性及健身性[1]，是成本较低但极易推广的公共健身空间模式。"全民健身路径"中一般配置单杠、双杠、吊环、梅花桩、秋千、跷跷板等[2]低门槛的

[1] 杨立超，刘婷，王广亮. 我国全民健身路径工程发展历程，存在问题及对策[J]. 浙江体育科学，2010，32（2）：7-12.

[2] 同[1].

健身训练器械，便于各类人群进行简单运动和健身活动。

全民健身路径是当代数量最大、覆盖面最广的公共健身空间类型，也是老少皆宜的健身活动场地。同时，全民健身路径以住宅小区为单位进行建设，较其他公共健身空间类型相比分布更均衡（表5-1）。

北京各区常见全民健身空间分布 表5-1

名称	常住人口（万人）	全民健身路径	多功能体育场馆	社区健身室	商业健身房
东城区	90.8	192	9	8	136
西城区	129.8	322	16	4	190
朝阳区	395.5	807	14	7	992
丰台区	232.4	461	12	3	226
石景山区	65.2	189	1	0	69
海淀区	369.4	893	15	7	349
顺义区	102.0	530	1	5	234
通州区	137.8	529	0	3	149
大兴区	156.2	616	3	1	127
房山区	104.6	389	6	5	53
门头沟区	30.8	212	1	1	24
昌平区	196.3	481	6	4	77
平谷区	42.3	245	0	1	7
密云区	47.9	296	3	2	19
怀柔区	38.4	259	0	1	19
延庆区	31.4	86	0	1	5
总计		6507	87	53	2676
平均数		406.69	5.44	3.31	167.25
变异系数*		0.56	1.08	0.76	1.44

注：1．常住人口为2015年的人口数据，来自北京统计局（2017-03-17）。
  2．*变异系数为标准差/平均数，标准差为各值同平均值差值的平方总和除以数量后，根号得出。
  3．资料来源：全民健身空间资料整理自北京市全民健身公共服务平台和大众点评网络平台。

基于上述研究，笔者以北京市西城区展览馆路街道为例，调研其全民健身路径现状，包括分布状况、周边环境、使用现状等，绘制测绘图纸，进而得出如下结论。

二、被遗忘：整体系统缺乏管理

全民健身路径是由政策主导建设的大众健身运动场所，目前在运营层面多数全民健身路径呈现无人管理的状况。

（一）位置信息错误

在"北京市全民健身公共服务平台"中标记了北京所有全民健身路径的区位信息及内部器械设施，信息详尽[①]。然而在西城区展览馆路街道内记录在案的55个全民健身路径，实地调研中，有18个全民健身路径无法找到，1个健身路径位置错误，2个健身路径未被收录。实际存在的健身路径仅为34个。单个全民健身路径信息也出现缺少照片等问题（图5-1）。

（二）器械亟待更新

器械破损、毁坏是实地调研中普遍存在的问题，如北礼士路社区的全民健身路径（图5-2），大量的健身器械都出现了损毁、移位等问题。

（三）相应配套脱节

除器械本身破损，相关配套设施的缺失脱节也是部分全民健身路径较突出的管

① 北京市全民健身公共服务平台 [EB\OL]. [2020.03.10]. http://www.bjqmjs.com/.

图5-1　北京西城区展览馆路街道内记录在案的55个全民健身路径分布及实际状况

[资料来源：作者自绘，基于北京市全民健身公共服务平台（2015）(http://www.bjqmjs.com/)
数据及实地调研]

图例：
○ 已存在的全民健身路径
● 选取细化全民健身路径
▲ 未收录官方平台的健身路径
✕ 已查不存在的健身路径

图5-2　北礼士路社区全民健身路径
（资料来源：李佳祺 武晋 摄）

理问题。很多全民健身路径未配套路灯，晚上使用时只能借助周边商铺、宣传栏的微弱灯光进行；健身器械种类模式固定，多针对老年人及儿童设置，较少考虑中青年人的需求。

三、被冷落：周边环境缺乏衔接

全民健身路径是基于居住区单元的重要公共活动空间类型，在实地调研中发现，部分全民健身路径并未融入社区公共空间，与周边环境缺乏衔接。

（一）位置设置错乱

部分全民健身路径并未设置在住宅小区内部，而是设置在邻近小区外部的路边，造成使用功能上的错乱无序。新华里社区12号院旁的全民健身路径直接设置在东西向支路的南侧人行道上，健身器械呈"一"字形排开，原本约5m的人行道仅剩2m宽度供步行使用。与此同时，健身路径本身处于交通空间中，健身活动并不舒适，行人往往将其作为公共座椅使用（图5-3）。北礼士路60号院3号楼西侧的全民健身路径直接跳出社区，设置在北礼士路中段西侧的人行道上。由于其与社区相距过远，削弱了该健身路径的使用频率，反而成为旁边饭店就餐的"等候区"（图5-4）。

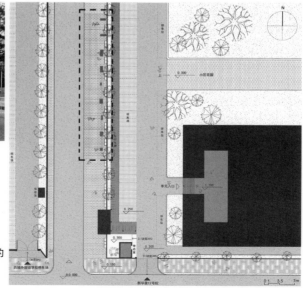

图5-3　新华里社区12号院旁的
　　　　全民健身路径
（资料来源：李佳祺 武晋 摄）

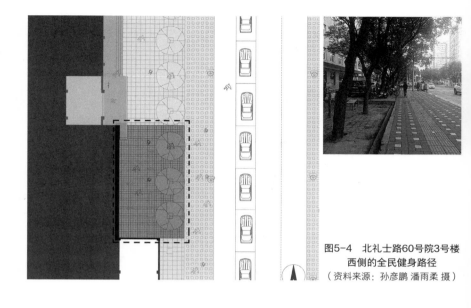

图5-4　北礼士路60号院3号楼
西侧的全民健身路径
（资料来源：孙彦鹏 潘雨柔 摄）

（二）布局孤立无援

部分全民健身路径虽设置于住宅小区内部，但并非位于小区中心或入口位置，而是设置于小区边角等较难到达位置，小区内居民使用不便。车公庄大街1号院4号楼东北侧的全民健身路径位于整个小区的东南角，紧贴东侧院墙，西贴3号楼和4号楼之间的服务裙房，是极不易到达的边角过道空间，其内分2排设置10个健身器械，整体空间品质较高，但该健身路径不邻近任何社区公共设施，也远离小区入口，来此运动的居民极少（图5-5）。团结社区铁路巷6号楼北侧的全民健身路径，虽邻近小区入口等人流聚集区域，但却被便民果蔬超市阻隔，成为超市的"背街小巷"，东侧入口关闭，使该健身路径成为"死胡同"及晾晒衣物的场所（图5-6）。

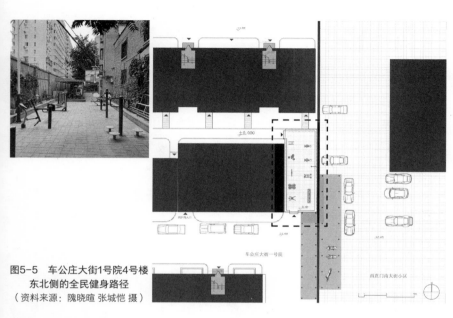

图5-5　车公庄大街1号院4号楼
　　　东北侧的全民健身路径
（资料来源：隗晓暄 张城恺 摄）

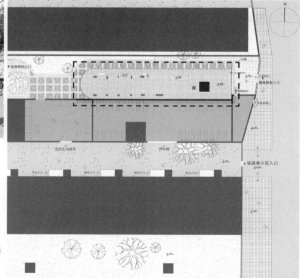

图5-6　团结社区铁路巷6号楼
　　　北侧的全民健身路径
（资料来源：李佳祺 武晋 摄）

（三）景观结合不当

部分全民健身路径位于住宅小区中心，有较好的交通基础，但由于与周边绿化景观等居民公共空间缺乏衔接，使其成为小区中心的消极区域。扣钟北里东区的全民健身路径虽有极佳的区位优势，但未同中心广场结合，而被景观绿化强行隔开，成为小区公共活动场所的"背面"（图5-7）。百万庄卯区的"全民健身路径"位于小区中心区域，东边紧邻乒乓球场，2个区域本应融合成为小区的活力中心，但均设有无法穿越的围栏，健身者无法进行互动（图5-8）。

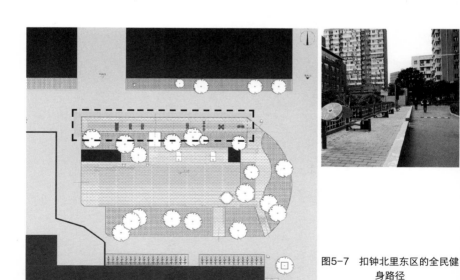

图5-7　扣钟北里东区的全民健身路径
（资料来源：张格 张轩慈 摄）

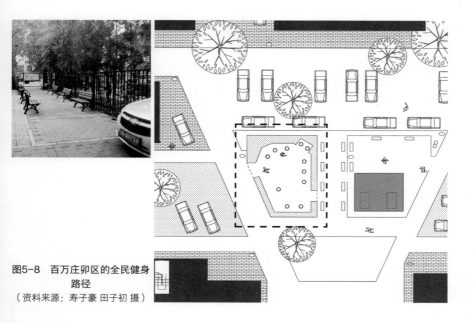

图5-8　百万庄卯区的全民健身
路径
（资料来源：寿子豪 田子初 摄）

四、被错用：内部空间设计不当

全民健身路径建设具有极强的模式化，健身器械的选择及设置
依标准进行，但空间设计往往缺少推敲。实地调研发现，部分全民
健身路径内部器械布局过于草率，或对实际使用状况考虑不周，导
致其正常使用受影响。

（一）停车侵占空间

停车是居住小区内部最为核心的问题之一。展览馆路街道内多
为老旧小区，停车问题棘手。健身路径在设计中往往对停车问题缺
乏考虑，故作为小区难得的公共空间，往往难逃"魔掌"沦为停车

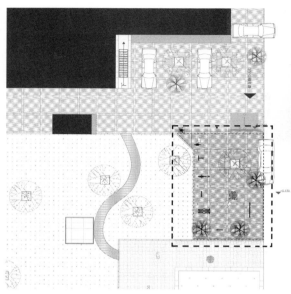

图5-9　车公庄大街北里42号
楼南侧的全民健身路径
（资料来源：史祚政 崔涵 摄）

场。车公庄大街北里42号楼南侧的全民健身路径邻近小区入口，其西侧为集中的景观绿化，是宜人的公共休闲活动场所。然而在实际使用中，整个健身路径被机动车包围（图5-9）。车公庄大街北里28号楼北侧的全民健身路径利用"口袋"形空地，居中排布8个健身器械，进而形成一个相对开阔的"小操场"。在实际使用中，广场东侧靠墙设置自行车库，而器械以西区域缺少边界限定，成为停车场。原本的"小操场"只剩不足1/3的区域，健身运动体验无从谈起（图5-10）。

（二）围栏阻隔周边

全民健身路径是住宅小区内部的重要开放空间。部分健身路径采用栏杆限定边界，往往会削弱健身路径的可达性，降低运动空间

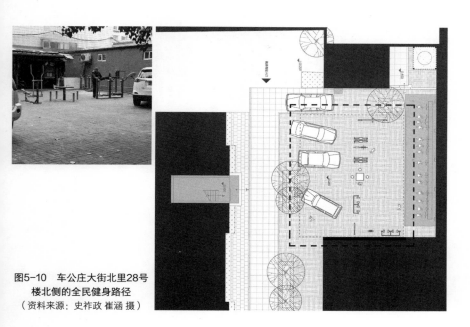

图5-10　车公庄大街北里28号楼北侧的全民健身路径
（资料来源：史祚政 崔涵 摄）

体验。阜成门大街281号院内的全民健身路径位于其南北主路中段的路口东南角，是极具活力的路口，其南边和东边靠墙，具有极强的围合感，但这样袖珍的小运动场却通过围栏加以限定，居民只能通过西边入口进入。围栏的出现削弱了居民健身运动热情，阻隔了健身路径内外的空间和行为交流（图5-11）。展览路葡萄园小区3号楼前的全民健身路径东侧部分倚靠住宅楼山墙，其他三边均由约1.5m高的栏杆围合而成，西边和北边毗邻小区内车行道，沿边整齐停靠机动车，在栏杆外形成第2道"车墙"。栏杆与"车墙"在空间和行为上阻隔了健身路径内部的活动和外部小区生活，使这片小操场成为"孤岛"（图5-12）。

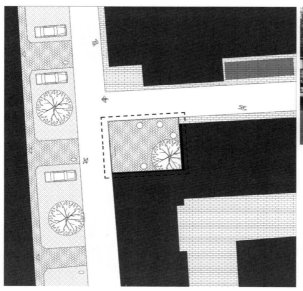

图5-11　阜成门大街281号院
内的全民健身路径
（资料来源：寿子豪 田子初 摄）

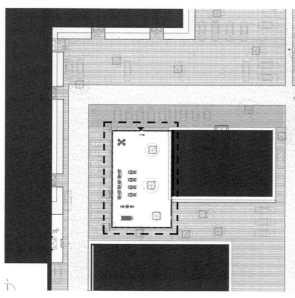

图5-12　展览路葡萄园小区
3号楼前的全民健身路径
（资料来源：张格 张轩慈 摄）

（三）内部格局不当

全民健身路径功能极为简单，在设计建造过程中内部格局往往被忽视，导致健身运动体验大打折扣。三塔社区18号楼下的全民健身路径规模较大，且结合了景观设计。其整体布局呈"T"字形，串联3个主要部分。入口由"T"字形底部进入，连通中间主体部分器械区。15个健身器械靠边布置，中间留出约5m的走道空间。"T"字形西侧部分为中国古典风格的方亭，东侧部分为一块空地。整个"T"字形布局较为混乱，健身空间与交通空间相互交叉，而右边空地因毫无功能而无人问津。在实际调研中发现，使用频率最高的棋盘摆放在边角，且被交通空间挤压。这种内部器械空间布局的不合理使全民健身路径的使用效率大打折扣（图5-13）。

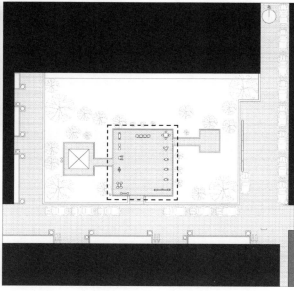

图5-13　三塔社区18号楼下的
**　　　　全民健身路径**
（资料来源：樊晶 郭宗钰 摄）

五、孕育全新的社区健身空间

全民健身路径是普遍性的大众健身运动场所，也是北京数量最多、分布最均匀的城市健身空间类型。针对"被遗忘""被冷落""被错用"3个核心问题，笔者认为，应从如下角度进行更新与优化。

（一）提升运营维护

针对"被遗忘"问题，全民健身路径在建造后应增加来自社会不同层面的管理和运营支持：①老旧器械应及时更新，如百万庄午区9门西侧的全民健身路径于2017年更新了器械；②增加照明、卫生间等公共服务设施，保证健身运动更舒适地进行；③应缩短器械损坏上报的流程，增加健身器械使用意见反馈，保证每个健身路径的正常安全使用。

（二）统筹周边资源

针对"被冷落"问题，全民健身路径在更新建造中应增加对周边环境的考虑。健身路径应设置在居民便捷到达的区域，尽量靠近社区活动中心、商业区、小区内部路或步行出入口等；同时，应考虑小区内部已有的景观秩序和资源，将健身路径融入其中，成为整体小区内公共休闲活动体系的一部分。例如，南礼士路甲1号院中心楼的全民健身路径与小区内公共景观相结合，通过景观长廊围合健身运动场所，让家长监督孩子玩耍、好友轮换运动等居民活动得以实现（图5-14）。全民健身路径并非独立存在，统筹小区内已有活动及景观资源可形成空间品质的共赢，打造更具活力的社区氛围。

**图5-14　南礼士路甲1号院中心楼的全民
　　　健身路径现状**
（资料来源：乔彤 崔雨佳 摄）

**图5-15　阜成门南大街5号楼万明园
　　　写字楼的全民健身路径**
（资料来源：乔彤 崔雨佳 摄）

（三）细化空间设计

针对"被错用"的问题，全民健身路径在更新建造中应当进一步弱化既有模式，直面社区内部的诸多问题。边界的形式、入口的设置、内部器械和活动的组织，都应当结合各社区细致的设计。例如，阜成门南大街5号楼万明园写字楼的全民健身路径，其北边和西边通过栏杆与绿化隔开，形成绿色的界面。其南侧紧邻道路，东侧紧邻停车场，和停车和谐相处是极为重要的议题。该健身路径巧妙地通过高差，有效地防止路边停车侵占内部空间；而边缘稍稍高起，不仅形成了柔软的边界限定，也自然地形成了座椅，丰富了健身路径空间的内容（图5-15）。全民健身路径不仅是一片运动场，更是社区公共活动空间的重要组成部分。只有将其在空间层面完美地嵌入社区自身的公共活动和景观体系，才能让全民健身路径更好地"被使用"。

（四）探寻更多可能

除了"被遗忘""被冷落""被错用"的问题，新冠肺炎疫情也给全民健身路径带来新的挑战。面向人群扩大了，对健身运动要求更高的青年人也加入了全民健身路径的使用中，这使得原本主要面向老人和儿童的器械亟待更新；而随着运动种类和强度的变化，健身路径的空间尺度也需要进一步扩大。此外，随着商业健身房以自助健身舱的方式向社区蔓延，全民健身路径在趣味性和效率上也面临更深远的挑战，亟待更加多元的健身器械和更新的健身空间形态的引入。

社区全民健身行为研究
——人群特点·行为类型·时空分布

社区是居民日常生活社交的集合体，而社区中的公共空间也是居民日常户外活动的重要场所，其中就包含了用于全民健身的场所和器械。这些场所和器械在日常生活中是否被居民使用，使用率如何，居民都在什么时间使用它们？这些问题将在本节进行展开研究。

研究团队针对北京某小区中公共空间的使用状况进行了详细的调研。通过连续30天（2021年11月10日~12月9日），详细记录白天（上午6点至下午6点[①]）社区公共活动空间中的人数（以分钟为单位），团队得到了基于真实使用的社区全民健身场所的使用状况（图6-1）。基于这些大量的一手数据，团队进行了分区统计，将社区内的公共空间划分为A~F共6个区域：A区为位于中间的儿童活动区，其内铺设塑胶，并设置若干滑梯等儿童活动的器械设施；B区为紧邻儿童区的健身器械区，为线性布局；C区位于与儿童活动区相对的另一片活动区，北部紧邻绿化中的步行道，南部与小广场相接，其内设置有少量健身器械；D区为小广场东侧的小块用地，背靠绿化，零散地布置了若干健身器械；E区为C区与D区之间的小广场区域；F区与小区入口相连，内部整齐设置了4组结合花坛的休闲座椅。6个区域有着不同的主题，A区偏向于儿童娱乐活动，B区、C区、D区则偏向于器械健身活动，E区偏向于自由健身活动，而F区则偏向于聊天休息（图6-2）。

① 调研时间为冬季，日出在上午6~7点，日落在下午5~6点；考虑到室外的健身活动主要集中在白天，因此选择上午6点到下午6点的12个小时进行数据记录。

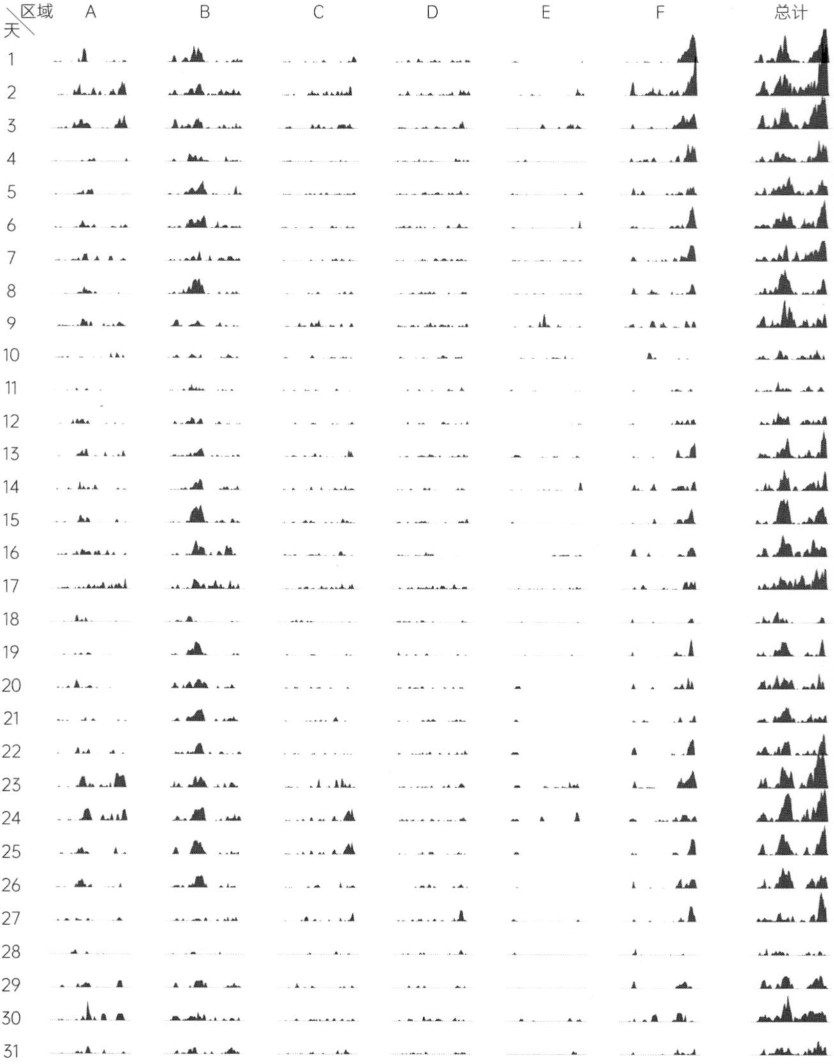

区域 天	A	B	C	D	E	F	总计
1							
2							
3							
4							
5							
6							
7							
8							
9							
10							
11							
12							
13							
14							
15							
16							
17							
18							
19							
20							
21							
22							
23							
24							
25							
26							
27							
28							
29							
30							
31							

图6-1 分区活动人数记录表

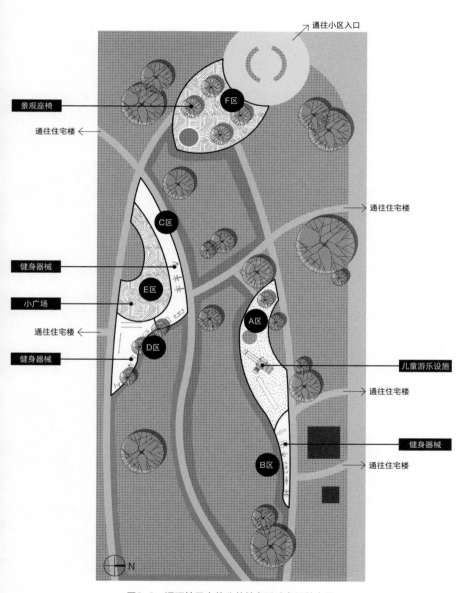

图6-2　调研社区内的公共健身活动空间总布局

一、人群特点

"快照法"这种调查方式要求调查人员靠肉眼识别判断调查对象的年龄。为保证该调查的可信度，本研究仅以中老年人、青年人和少年儿童3个大类记录年龄。分析显示，从调查的整个场地活动人数来看，中老年人群和少年儿童最多（图6-3）。不同分区场地之间也存在着较大的差异。如场地F区和B区，中老年人为主要的使用者，而在A区则主要是儿童进行娱乐活动。其他区域场地则各年龄段使用比例较为均衡。这个发现与公共健身空间预想服务对象存在差异。设计之初预想的服务对象主要针对青年人[①②]，一部分健身器材并未对中老年人和少年儿童做出特殊考虑。

社区公共活动场地中老年人群使用人数最多，原因在于：①大多数的中老年人健康意识较强[③]。中老年人由于年龄以及生理上的原因，身体各部位机能都开始出现不同程度的衰退，受到各类慢性疾病的困扰，因此，通过适当的健身运动活动可以达到强身健体、保持健康的目的。②全民健身路径的特点基本能满足中老年人对健康的要求。户外的健身运动场所，可达性强、环境较好，使用率高，对中老年人的身体健康和心理疗愈都能起到重要的作用。同时，社区公共活动场地中的健身器材较为简单，运动强度和幅度较小，运动量不大，运动节奏较为缓慢，比较适合中老年人使用；也正是因此，无形中抑制了青年人与少年儿童的使用热情[④]。③中老年人越来越多且闲暇时间较

① 李存东，王羽，王玥. 社区室外适老健康环境及康复景观设计研究[J].建筑技艺，2020，26（10）：40-44.

② 王久生，汪洪，王巍翔，刘璇. 住宅和社区运动健身环境设计与规划[J].建筑技艺，2020（5）：48-53.

③ 戴晓玲，董奇. 设计师视线之外的全民健身路径研究——杭州五处健身点的环境行为学调查报告[J].中国园林，2015，31（3）：101-105.

④ 马哲雪，王羽，伍小兰. 城市综合性街道停留行为分析与空间设计策略[J].建筑技艺，2020，26（10）：78-82.

① 戴晓玲，董奇. 设计师视线之外的全民健身路径研究——杭州五处健身点的环境行为学调查报告[J].中国园林，2015, 31（3）: 101-105.

多①。在我国，随着经济的快速发展，人民生活水平提高，人的平均寿命也有一定程度的延长。如今我国慢慢进入老龄化社会，中老年人群体越来越大，尤其是60岁以上者，大多是离退休者，因而他们有更多的闲暇时间来参加体育活动。

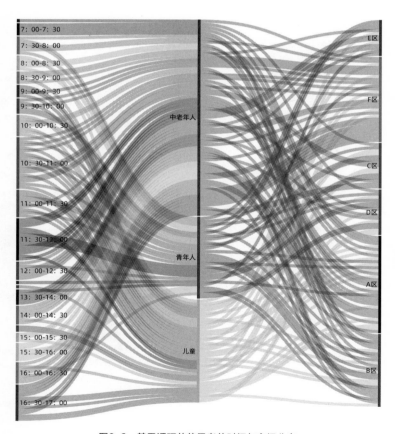

图6-3　基于调研的使用者的时间与空间分布

二、行为类型

本研究根据观察到的公共活动行为，按照内容将社区全民健身设施内的活动行为分为休闲性行为、健身性行为、社交性行为和家务性行为四大类型。休闲性行为主要体现在休息、娱乐和游戏三个方面，具体内容有静坐、玩手机、小孩子玩球、奔跑、挖沙坑等活动行为。健身性行为主要表现在疾病预防、健康保健、体能训练四个方面，具体内容有太极、抬腿、器材训练、走路训练、跳舞等活动行为。社交性行为主要表现在聊天交友、家庭互动两个方面，具体内容有聊天、打电话、家庭共同活动等活动行为。家务性行为主要表现在照看、交易两个方面，具体内容有照看儿童、照看宠物、整理物品、寄取快递、购物等活动行为（表6-1，图6-4）。

健身行为活动类型 表6-1

一级分类	二级分类	具体行为类型
健身性行为	疾病预防	走路训练、跳舞
	健康保健	太极、抬腿
	体能锻练	器材训练
休闲性行为	静坐休息	静坐、玩手机
	娱乐休闲	唱歌、拍照
	游戏玩耍	小孩子玩球、奔跑、挖沙坑
社交性行为	聊天交友	交谈、打电话
	家庭互动	家庭共同活动
家务性行为	照看照顾	照看儿童、照看宠物

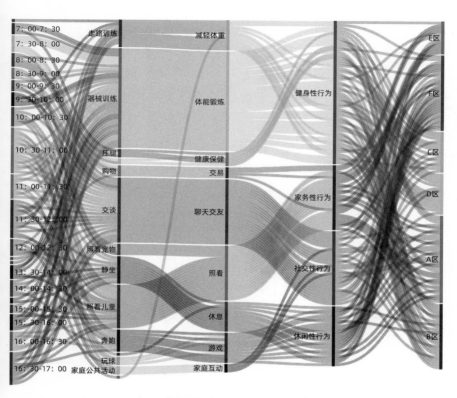

图6-4　基于调研的使用者的时间与空间分布

（一）健身性行为

在研究中，健康保健主要有打太极、抬腿等行为。太极锻炼的行为主要发生在E区域。E区域为场地中的小广场，为太极锻炼等自由健身活动提供了空间条件（图6-5-1-1）。抬腿等伸展活动主要发生在A区域（图6-5-1-2），A区域有儿童娱乐设施以及一些雕塑，有不同高度的平台可以满足使用者对压腿等伸展运动的需要。

疾病预防主要体现在走路训练和跳舞两个主要行为。走路训练主要发生在B和D两个区域（图6-5-1-4），这两个区域靠近场地内小路，较为开阔；其他区域则较封闭且内部环境复杂，不能为走路训练提供良好的条件。跳舞与太极锻炼一样需要开阔的空间条件，所以E区的广场是跳舞集中的区域。

体能锻炼的方式主要是器材训练，场地中B、C、D区域布置了不同的健身器材，体能训练活动主要发生在这些区域。其中B区域的健身器材使用难度最小且使用频率最高。D区域的健身器材使用难度最大，多为青年人使用进行体能锻炼（图6-5-1-3）。

（二）休闲性行为

在休息行为中，静坐有明显的位置特征，多发生于小区出入口的F区域，该区域内部整齐设置了4组结合花坛的休闲座椅，是场地内唯一有正式座椅的区域，由于此处对道路的通行空间影响较小，同时也能保障老年人的安全。老人们多在此背向树木静坐休息（图6-5-2-1）。此外，对于小坐的儿童，场地中暂未有专门考虑儿童高度的座椅设施。

娱乐行为集中出现在F区域。该区域的座椅和空地为娱乐活动提供了场地条件。其中的唱歌、下象棋等娱乐活动，丰富了老年人的日常生活。同时场地内的植物也会吸引来青年人进行拍照等活动（图6-5-2-2）。

游戏行为的主体为儿童，儿童喜欢利用有高差的娱乐设施进行游戏，或利用景观和广场进行游戏。在观察时，A、E、F区域儿童的行为种类较其他区域更为丰富，且主要集中在A区域（图6-5-2-3、图6-5-2-4）；其次E区域的广场为儿童奔跑、玩球等活动提供了场

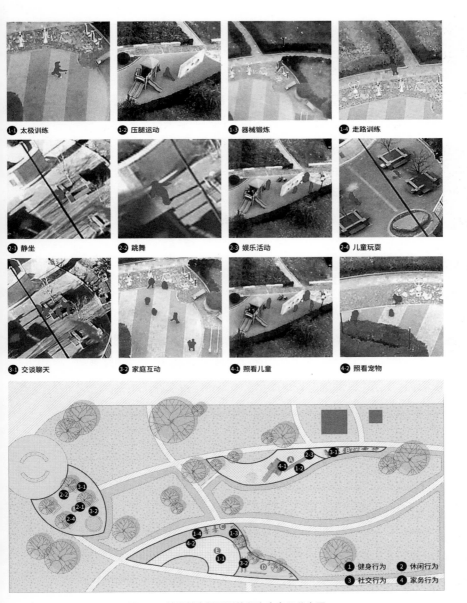

1-1 太极训练　　1-2 压腿运动　　1-3 器械锻炼　　1-4 走路训练

2-1 静坐　　2-2 跳舞　　2-3 娱乐活动　　2-4 儿童玩耍

3-1 交谈聊天　　3-2 家庭互动　　4-1 照看儿童　　4-2 照看宠物

1 健身行为　　2 休闲行为　　3 社交行为　　4 家务行为

图6-5　社区健身场所设施行为内容及分布图

地，F区域主要是景观环境吸引儿童进行游戏行为。

（三）社交性行为

社交性行为主要指聊天交友和家庭互动。聊天交友主要有面对面聊天和打电话两种形式。在研究中，面对面聊天行为多发生在两人之间，他们会选择在正式座椅或非正式座椅并排聊天，也会选择在使用健身器材的时候进行交谈（图6-5-3-1）。少数四人聊天的情况，会在F区域座椅处围坐进行。家庭互动则多数为三人或三人以上，多为父母和子女利用场地进行互动游戏和休闲娱乐等（图6-5-3-2）。

（四）家务性行为

家务行为分照看行为和交易行为两类。照看行为包括照看孩子与照看宠物（图6-5-4-1、图6-5-4-2），照看孩子行为发生位置受孩子游戏行为的影响，此处不再赘述。照看宠物多发生于E区域和B区域，这两个区域临近景观绿化，但是由于景观绿化带采用封闭管理，遛宠物的使用者及拍照的使用者只能站在隔离栏杆外。

三、时空分布

以30天的数据为基础，本研究以上午6点至下午6点的12个小时为横轴，以10分钟为最小单元，统计了不同分区各个时段的平均活动人次。以此为基础，研究将30天不同时段的平均活动人次进行统计得到热力叠加图。该图呈现出场地健身活动者的平均人次时间分布基本呈W形（图6-6）。图中的三个波峰分别位于早上（8点

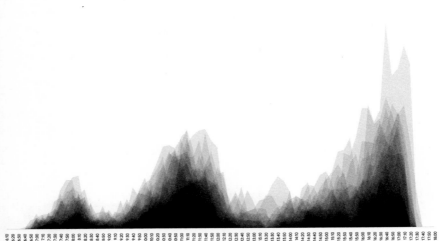

图6-6　分时段热力图叠加

前后）和中午午饭前（10～12点）以及傍晚晚饭前（16～17点）。早上（8点前后）为早高峰，随后逐渐下降，甚至会出现无人在场的情况。至午饭前（10～12点）出现午间高峰，随后又逐渐下降。16点开始进入晚高峰，之后随着夜幕降临人数又逐渐下降乃至归零。

　　同时，通过分区热力图可以发现，不同分区的高峰时间分布存在差异（图6-7）。A、B区的峰值出现在11点左右，而F区域则出现在下午4～5点。A、B区位于场地的北侧，内部设置了健身器械和儿童娱乐设施，在11点左右光线充足。且该调查时间选取在冬季，光照能够带来更舒适的健身运动环境，提高场地的吸引力。在调研中可以看出，使用者在11点左右倾向于在A、B区进行健身运动活动。F区内部整齐设置了四组结合花坛的休闲座椅，主要是老年人使用，大多数老年人长期居住在一个社区内，低流动性带来与邻里长期接触的熟悉感，在傍晚时刻，该区域正好能够接受光照且提供休闲座椅，所以老年人会不约而同地前往该场地聊天。老年人倾向于停留在阳光充足的长椅上，并与同社区其他老人进行交谈。从调研数据结合现场照片可以得出自然采光与社区自发的运动健身活动存在极大关联。居民更愿意选择有充足自然采光的户外场所进行运动健身活动。

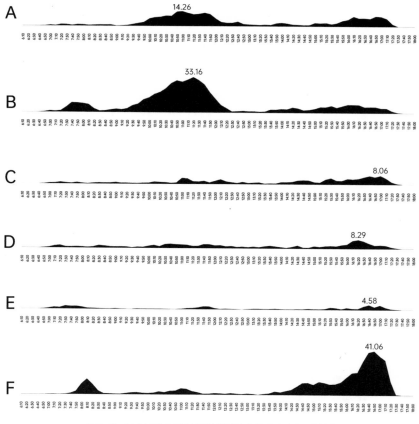

图6-7　各分区分时段平均健身活动人数（人次/10分钟）

社区全民健身路径空间特征研究
—— 健身器械·空间边界·夜间照明

  "全民健身路径"是社区内以健身运动为核心的室外公共活动空间，也是分布最广的全民健身公共设施类型。本章将聚焦社区中的全民健身路径，以北京市西城区展览馆路街道、月坛街道和新街口街道共计52个全民健身路径为例（图7-1），深入探讨当代这类基于社区的全民健身设施的现状及空间特征。

一、器械规模

  全民健身路径中，器械无疑是空间的主角。其中器械的数量、器械的类型均极大影响着整个健身路径的品质，并决定了居民在其中健身运动活动的类型和形式。研究团队对西城展览馆路街道、月坛街道和新街口街道共计52个全民健身路径进行了全面的调研，并通过绘制细化平面图，记录了健身路径的边界区域和其中的各类器械位置，并依照健身训练的身体部位对健身器械进行分类：上肢器械包括上肢牵引器、太极云手、双人大转轮等；下肢器械包括太空漫步器、跑步器、健骑器、压腿杠等；躯干器械包括腰力锻炼器、扭腰器、旋风轮、双杠等；其他器械包括儿童滑梯、儿童跷跷板、乒乓球台、篮球场、羽毛球场等。在此基础上，团队统计了各个健身路径内不同类型运动健身器械的数量（表7-1），并结合健身路径的面积规模进行更进一步的讨论。

1 展览馆路街道　　2 月坛街道　　3 新街口街道

101 百万庄卯区全民健身路径

102 北礼士路60号院3号楼西侧
全民健身路径

103 北礼士路70号院1号楼前全民
健身路径

104 朝阳庵全民健身路径

105 车公庄大街北里全民健身路径

106 车公庄一号院全民健身路径

107 阜成门外北街全民健身路径

108 锦官苑全民健身路径

109 扣钟北里全民健身路径

110 葡萄园3号楼全民健身路径

111 三塔社区地段全民健身路径

112 铁路巷社区全民健身路径

图7-1　西城区全民健身路径细化调研研究总览（1）

113 万明园写字楼全民健身路径

114 文兴街地段全民健身路径

115 五大楼地段全民健身路径

116 新红楼全民健身路径

117 新华里全民健身路径

118 榆树馆北里地段全民健身路径

119 榆树馆地段全民健身路径

201 复兴门北大街全民健身路径

202 三里河二区B1区全民健身路径

203 三里河二区B2区全民健身路径

204 三里河二区（南院）全民
健身路径

205 三里河二区住宅小区A区
全民健身路径

206 三里河一区5号院1号楼左侧
全民健身路径

图7-1　西城区全民健身路径细化调研研究总览（2）

207 铁道部住宅第二、一社区26号楼南侧全民健身路径

208 铁道部住宅区第三社区甲16号楼东全民健身路径

209 月坛公园全民健身路径

210 南沙沟社区全民健身路径

211 月坛南街北里7号楼东侧全民健身路径

212 月坛西街2号院5号楼东侧全民健身路径

213 月坛西街东里8号楼西侧全民健身路径

301 宝产胡同15号院1号楼南侧全民健身路径

302 翠花街1号院5号楼南侧全民健身路径

303 翠花街1号院6号楼南侧全民健身路径

304 玉廊东园5号楼北侧全民健身路径

305 玉廊西园1号楼东侧全民健身路径

306 冠英园西里9号楼东侧全民健身路径

图7-1   西城区全民健身路径细化调研研究总览（3）

307 冠英园西里27号楼东侧全民
健身路径

308 冠英园西区35号楼南侧全民
健身路径

309 后广平胡同36号旁官园公园
全民健身路径

310 后桃园胡同与北草厂胡同交
口西南侧全民健身路径

311 西直门北顺城街全民健身路径

312 西直门南大街10号楼东侧
全民健身路径

313 西直门南小街8号全民健身路径

314 西直门内大街与南草厂街
交口东南侧全民健身路径

315 熙府桃园社区全民健身路径

316 福寿轩养老照料中心全民
健身路径

317 葱店胡同2号院全民健身路径

318 官园公园全民健身路径

319 西区小后仓小区全民健身路径

320 西四北头条社区全民健身路径

图7-1　西城区全民健身路径细化调研研究总览（4）

北京西城区展览馆路街道、月坛街道、新街口街道52个全民健身
路径面积规模和健身器械数一览表   表7-1

街道	序号	区位	占地面积（m²）	健身器械数				
				上肢器械	下肢器械	躯干器械	其他器械	总计
展览馆路街道	101	百万庄卯区	154.35	4	7	1	1	13
	102	北礼士路60号院	160.00	2	5	3	4	14
	103	北礼士路70号院	997.26	1	12	4	3	20
	104	朝阳庵	601.75	0	11	4	0	15
	105	车公庄大街北里	235.74	1	6	2	2	11
	106	车公庄一号院	83.10	3	6	3	0	12
	107	阜成门外北街	78.36	0	3	2	0	5
	108	锦官苑	156.33	2	2	1	1	6
	109	扣钟北里	128.29	2	3	2	0	7
	110	葡萄园3号楼	139.03	3	6	1	0	10
	111	三塔社区地段	167.00	2	6	4	2	14
	112	铁路巷社区	786.15	1	6	5	1	13
	113	万明园写字楼	322.95	1	7	2	0	10
	114	文兴街地段	89.81	2	2	3	0	7
	115	五栋大楼地段	784.97	4	14	1	1	20
	116	新红楼（南礼士路甲1号）	624.00	2	5	0	0	7
	117	新华里	172.42	4	5	1	0	10
	118	榆树馆北里地段	85.80	4	3	1	0	8
	119	榆树馆地段	152.61	2	7	1	4	14
月坛街道	201	复兴门北大街	189.60	9	9	4	5	27
	202	三里河二区B1区	588.60	0	2	0	5	7
	203	三里河二区B2区	97.80	3	5	1	0	9
	204	三里河二区（南院）	100.16	0	0	2	2	4

续表

街道	序号	区位	占地面积（m²）	健身器械数				
				上肢器械	下肢器械	躯干器械	其他器械	总计
月坛街道	205	三里河二区住宅小区A区	212.21	0	7	1	0	8
	206	三里河一区5号院1号楼左侧	220.17	0	10	5	0	15
	207	铁道部住宅第二、一社区26号楼南侧	93.64	2	2	2	1	7
	208	铁道部住宅区第三社区甲16号楼东	464.87	2	3	3	2	10
	209	月坛公园	256.13	2	0	6	2	10
	210	南沙沟社区	887.88	2	4	3	0	9
	211	月坛南街北里7号楼东侧	168.97	3	4	3	0	10
	212	月坛西街2号院5号楼东侧	148.38	2	7	2	4	15
	213	月坛西街东里8号楼西侧	169.91	1	4	2	1	8
新街口街道	301	宝产胡同15号院楼1号楼南侧	170.23	1	2	2	3	8
	302	翠花街1号院5号楼南侧	655.88	1	2	5	1	9
	303	翠花街1号院6号楼南侧	300.85	3	4	2	3	12
	304	玉廊东园5号楼北侧	859.17	2	7	3	1	13
	305	玉廊西园1号楼东侧	64.77	0	4	4	1	9
	306	冠英园西里9号楼东侧	325.71	4	9	8	2	23
	307	冠英园西里27号楼东侧	442.91	0	4	1	0	5
	308	冠英园西区35号楼南侧	155.66	3	4	4	3	14
	309	后广平胡同36号旁官园公园	1005.36	1	5	2	0	8
	310	后桃园胡同与北草厂胡同交口西南侧	161.85	2	9	2	3	16
	311	西直门北顺城街	171.41	1	2	0	0	3
	312	西直门南大街10号楼东侧	113.27	3	6	5	1	15
	313	西直门南小街8号	253.73	6	7	1	2	16
	314	西直门内大街与南草厂街交口东南侧	89.56	5	2	5	1	13

街道	序号	区位	占地面积（m²）	健身器械数				
				上肢器械	下肢器械	躯干器械	其他器械	总计
新街口街道	315	熙府桃园社区	1029.52	3	6	4	3	16
	316	福寿轩养老照料中心	350.42	3	10	3	0	16
	317	葱店胡同2号院	162.55	2	4	2	1	9
	318	官园公园	71.11	0	2	1	0	3
	319	西区小后仓小区	123.72	1	2	1	0	4
	320	西四北头条社区	71.23	1	3	2	0	6

在面积规模上，52个健身路径平均规模310m²。然而，不同的健身路径面积差异极大。熙府桃园社区的健身路径（315）和后广平胡同36号旁官园公园的健身路径（309）规模均超过了1000m²，而官园社区玉廊西园1号楼东侧的健身路径（305）仅有约65m²，最大和最小规模相差约15倍（图7-2）。

在器械总数上，52个健身路径平均每个健身路径设置11个健身器械；其中复兴门北大街的健身路径（201）内共有各类器械27个，而官园公园内的健身路径（318）仅有3个，分布不均匀（图7-3）。考虑到本身规模的差异，团队将占地面积加入考虑，用"单个器械服务面积"来衡量其分布数量的均衡。其中，后广平胡同36号旁官园的健身路径（309）的单个器械服务面积高达125.67m²，器械密度极低；而车公庄一号院（106）仅为5.92m²，器械密度极高。两者相差超过21倍（图7-3）。

在器械的类型上，52个健身路径形成较为统一的趋势，即针对下肢的健身器械最多，远高于其他部位；针对躯干腰腹的器械略高

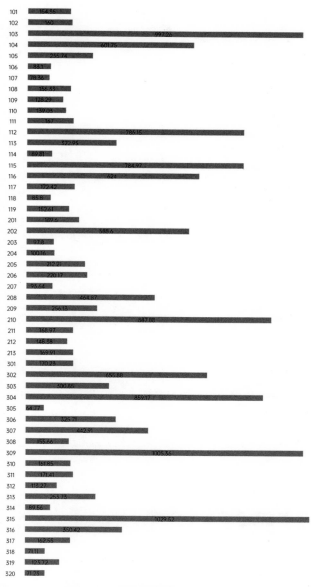

图7-2　西城全民健身路径占地面积比较

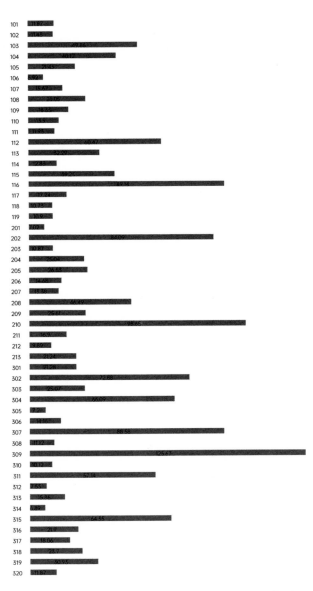

图7-3　西城全民健身路径单个器械服务面积（单位：m²/个）

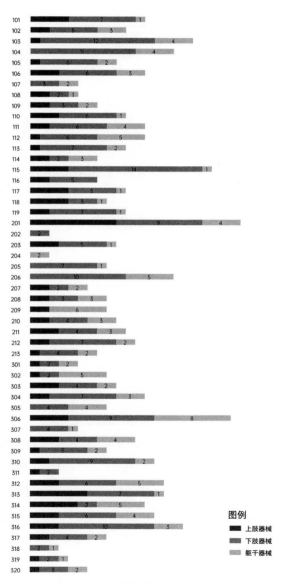

图7-4　西城全民健身路径运动器械数量及类型

图7-5   西城及各街道全民健身路径不同类型器械数量占比（单位：个）

于针对上肢的器械。这一类型特点在调研的展览馆路街道、月坛街道以及新街口街道均有所体现（图7-4、图7-5）。

在器械排布上，52个全民健身路径呈现出较大的差异。大部分的健身路径的器械排布采用"整齐布局"的模式，即健身器械以矩阵等的方式，整齐排列在区域中，器械之间间距较为均等，不会留下较为集中的空地做自由健身使用。这种模式出现在大量中小规模的健身路径（如106、118、201、206、301、306、314等）。部分健身路径案例采用"周边布局"的模式，即健身器械围绕健身路径周边布局，围合出中间的空地作为自由健身活动使用。这种模式往往在规模较大的健身路径中出现（101、113、311、312等）。部分健身路径案例采用"集中布局"的模式，即健身器械集中布置于区域一角，剩下的大部分区域则作为自由健身活动的区域使用。这种模式多在较大规模的健身路径中出现（210、307、315、316等）。部分健身路径案例采用"线性布局"的模式，即健身器械延续整个区域的形状方向依次布置，周边不设置空地，仅留出一定区域作为健身器械使用的缓冲空间。这种模式往往在偏向于线性的健身路径中出现（109、305、313等）。部分健身路径案例采用"组团布局"的模式，即健身器械以组团的形式在整个区域分区布置，并结合绿化、座椅等设置。这种模式往往出现在规模较大的健身路径中（103、304等）（图7-6）。

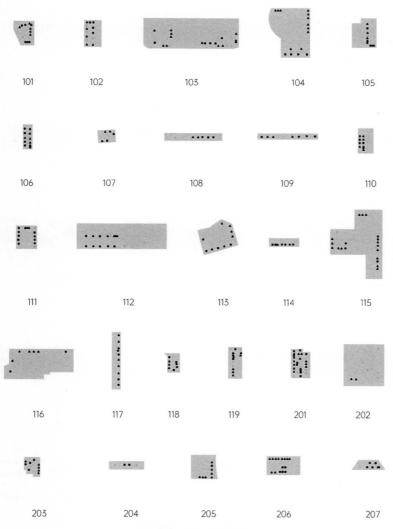

图7-6　西城全民健身路径健身器械现状布局（1）

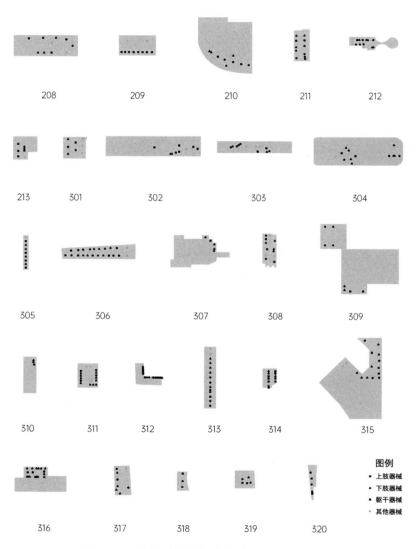

图7-6　西城全民健身路径健身器械现状布局（2）

综合52个全民健身路径在器械规模的特点可以看出，虽然同为全民健身路径，有着类似的定位和器械类型，但由于整体规模上的较大差异，导致器械密度截然不同。在排布方式上，各个健身路径也结合自身的规模和区域景观特色，形成诸如"整齐排布""周边布局"等不同的排布方式，各具特色。但作为一类极为模式化的社区健身设施场所，全民健身路径在实施过程中并未形成器械布局和规模规划层面的模式和导则，致使不同全民健身路径在使用上呈现较大差异，空间品质也良莠不齐，存在较大的提升和优化空间。

二、空间边界

"全民健身路径"作为一类立足社区的公共空间，边界往往是其最为重要的元素。对内，边界能够提供空间的围合，为其中的公共行为提供安全感和稳定感；对外，边界则是内外行为互动交流的窗口，是空间吸引力的重要因素。此外，边界自身的形式也能够成为公共行为的载体。因此，本节以"空间边界"为对象，对全民健身路径展开研究讨论。

在边界围合层面，较高的围合度能够显著地提升空间的安全感，进而提升其内健身活动的舒适度。团队基于实地调研，通过界定是否存在明确边界（如绿地、植物、墙体等）绘制边界围合分布图（图7-7），并以健身路径周长中存在明确边界的长度与定义区域的围合度的占比，得到52个全民健身路径的围合指数（图7-8）。综合来看，52个案例的平均围合度为74.4%，围合感总体较强。大部分案例均在3个方向的边界上进行了围合，保证了其内的安全感，免受周边道路、停车区域的影响。少量案例仅围合了1～2个方向

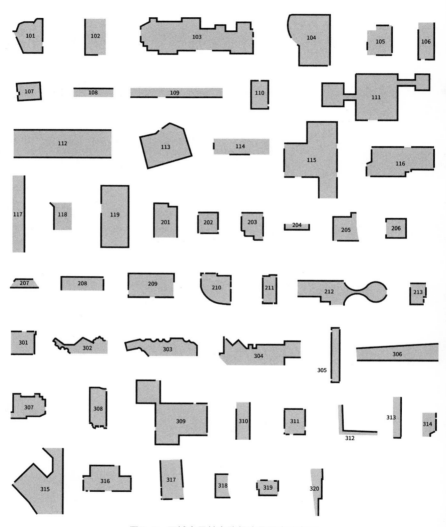

图7-7 西城全民健身路径边界围合分布图

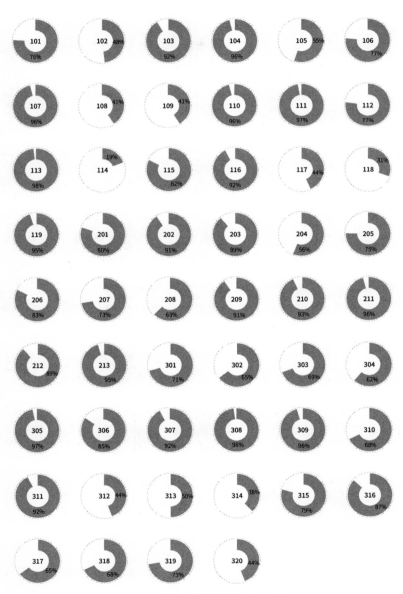

图7-8　西城全民健身路径边界围合比例

（108、109、312、320等）；部分案例围合感甚至不足20%（114），
整个区域过于开放，与车行道、停车场等直接连接，领域感较弱。

在边界类型层面，不同的边界类型能够带来不同的空间体验。
适当通透的界面能够增加区域内外的视线、声音的交流，而过于封
闭的界面则会阻断内外互动，降低空间的舒适度。团队通过实地调
研，将西城52个全民健身路径的边界形态分为4类：绿化、栏杆、
墙体和构筑物。"绿化边界"即全民健身路径通过草地、灌木、乔
木等限定边界，打造较好的围合感，同时又能够让使用者与外界存
在视线层面的互动交流。"栏杆边界"即全民健身路径通过栏杆限
定边界，由于栏杆可看透但无法通过，因此使用者在拥有一定围合
感的同时也保留与外界互动交流的可能；依照栏杆的通透性，栏杆
类型又可分为"空栏杆边界"（栏杆外无其他设置，直接与道路等
衔接）和"绿化栏杆边界"（栏杆外紧贴设置灌木、乔木、爬山虎
等绿化）两种形态类型。"墙体边界"即全民健身路径通过墙体来
限定边界，使用者具有最大的围合感，但也失去了与外界交流的可
能；依照通透性，墙体边界又分为"实墙边界"（墙面没有任何门
窗洞口，无任何互动可能）和"透墙边界"（墙面设置有门窗洞口，
存在一定互动的可能）。"构筑物边界"即全民健身路径通过座椅、
亭子等景观小品限定边界，使用者具有一定的围合感，而边界也融
入了整体健身运动行为中；依照空间类型，构筑物边界又可分为
"座椅边界"和"亭子边界"（图7-9）。

基于上述分类逻辑，团队计算得出52个全民健身路径的各类
边界的长度占比（表7-2，图7-10）。总体来看，栏杆边界平均占
比最大，为24.7%，其中空栏杆边界平均占比15.8%。其次为绿色
边界，平均占比20.2%。墙体边界和构筑物边界平均占比分别为

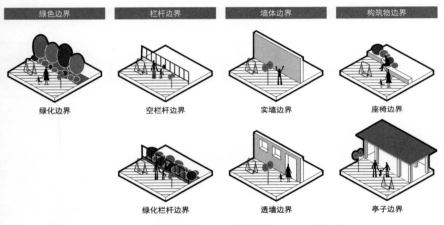

图7-9　全民健身路径4种边界类型与7种边界形态类型

15.3%和14.2%。由此可知，栏杆（包括空栏杆和绿化栏杆）和绿化是最常见的边界形态类型；很多全民健身路径的案例边界仅为绿化（109、302、303等）或者绿化和栏杆的组合（101、115、312、318等）。而在个体层面，由于所处社区环境不同，有的结合社区内的景观布置，边界多为绿化；有的直接与道路相连，边界多为栏杆；有的位于社区的边缘，边界则以实墙为主；差异较大，并没有形成一定的空间模式。

综合52个全民健身路径在空间边界的特点，可以看出，由于各个社区环境差异较大，每个全民健身路径周边的环境不同导致虽然大部分案例的总体围合度较高，安全感较好，但其边界的形态各异，并无明确的规律和模式（图7-11）。不同的边界形态具有不同的通透感，并直接影响到健身路径内外的视线、声音的交流，进而造成不同健身路径中健身体验的差异。

北京西城区展览馆路街道、月坛街道、新街口街道52个
全民健身路径边界类型和总体围合度一览表　　　表7-2

街道	序号	区位	绿化边界	墙体边界			栏杆边界			构筑物边界			总体围合度
				实墙	透墙	合计	绿化栏杆	空栏杆	合计	座椅	亭子	合计	
展览馆路街道	101	百万庄卯区	62%	0	0	0	0	14%	14%	0	0	0	76%
	102	北礼士路60号院	0	48%	0	48%	0	0	0	0	0	0	48%
	103	北礼士路70号院	0	0	0	0	0	0	0	81%	11%	92%	92%
	104	朝阳庵	0	59%	0	59%	0	38%	38%	0	0	0	97%
	105	车公庄大街北里	0	0	21%	21%	0	0	0	8%	26%	34%	55%
	106	车公庄一号院	0	0	0	0	0	0	0	69%	7%	76%	76%
	107	阜成门外北街	0	48%	0	48%	48%	0	48%	0	0	0	96%
	108	锦官苑	0	0	41%	41%	0	0	0	0	0	0	41%
	109	扣钟北里	41%	0	0	0	0	0	0	0	0	0	41%
	110	葡萄园3号楼	0	0	18%	18%	78%	0	78%	0	0	0	96%
	111	三塔社区地段	0	0	0	0	0	97%	97%	0	0	0	97%
	112	铁路巷社区	19%	19%	39%	58%	0	0	0	0	0	0	77%
	113	万明园写字楼	0	0	0	0	0	0	0	98%	0	98%	98%
	114	文兴街地段	0	0	0	0	0	0	0	14%	5%	19%	19%
	115	五栋大楼地段	63%	0	0	0	0	19%	19%	0	0	0	82%
	116	新红楼（南礼士路甲1号）	50%	0	0	0	21%	0	21%	0	21%	21%	92%
	117	新华里	0	0	0	0	0	44%	44%	0	0	0	44%
	118	榆树馆北里地	0	0	0	0	0	31%	31%	0	0	0	31%
	119	榆树馆地段	0	0	0	0	0	0	0	95%	0	95%	95%

续表

街道	序号	区位	绿化边界	墙体边界			栏杆边界			构筑物边界			总体围合度
				实墙	透墙	合计	绿化栏杆	空栏杆	合计	座椅	亭子	合计	
月坛街道	201	复兴门北大街	38%	10	20	30	0	12%	12%	0	0	0	80%
	202	三里河二区B1区	91%	0	0	0	0	0	0	0	0	0	91%
	203	三里河二区B2区	73%	0	0	0	0	0	0	0	16%	16%	89%
	204	三里河二区（南院）	0	0	25%	25%	0	0	0	0	31%	31%	56%
	205	三里河二区住宅小区A区	5%	0	0	0	0	26%	26%	0	44%	44%	75%
	206	三里河一区5号院1号楼左侧	65%	0	0	0	0	0	0	0	18%	18%	83%
	207	铁道部住宅第二、一社区26号楼南侧	0	72%	0	72%	0	0	0	0	0	0	72%
	208	铁道部住宅区第三社区甲16号楼东	0	0	0	0	50	0	50	13%	0	13%	63%
	209	月坛公园	4%	0	0	0	0	76%	76%	0	11%	11%	91%
	210	南沙沟社区	60	33%	0	33%	0	0	0	0	0	0	93%
	211	月坛南街北里7号楼东侧	26%	0	11%	11%	59%	0	59%	0	0	0	96%
	212	月坛西街2号院5号楼东侧	22%	0	0	0	0	24%	24%	43%	0	43%	89%
	213	月坛西街东里8号楼西侧	0	3%	3%	6%	66%	0	66%	0	23%	23%	95%
新街口街道	301	宝产胡同15号院楼1号楼南侧	9%	26%	36%	62%	0	0	0	0	0	0	71%
	302	翠花街1号院5号楼南侧	65%	0	0	0	0	0	0	0	0	0	65%
	303	翠花街1号院6号楼南侧	69%	0	0	0	0	0	0	0	0	0	69%
	304	玉廊东园5号楼北侧	52%	0	0	0	0	0	0	0	10%	10%	62%

续表

街道	序号	区位	绿化边界	墙体边界			栏杆边界			构筑物边界			总体围合度
				实墙	透墙	合计	绿化栏杆	空栏杆	合计	座椅	亭子	合计	
新街口街道	305	玉廊西园1号楼东侧	0	0	0	0	54%	43%	97%	0	0	0	97%
	306	冠英园西里9号楼东侧	0	42%	0	42%	0	43%	43%	0	0	0	85%
	307	冠英园西里27号楼东侧	0	0	0	0	0	82%	82%	0	10%	10%	92%
	308	冠英园西区35号楼南侧	0	0	33%	33%	50	15%	65%	0	0	0	98%
	309	后广平胡同36号旁官园公园	84%	12%	0	12%	0	0	0	0	0	0	96%
	310	后桃园胡同与北草厂胡同交口西南侧	0	31%	0	31%	0	37%	37%	0	0	0	68%
	311	西直门北顺城街	26%	22%	0	22%	0	44%	44%	0	0	0	92%
	312	西直门南大街10号楼东侧	0	0	0	0	0	44%	44%	0	0	0	44%
	313	西直门南小街8号	0	0	0	0	0	8%	8%	0	42%	42%	50%
	314	西直门内大街与南草厂街交口东南侧	0	13%	0	13%	0	18%	18%	0	7%	7%	38%
	315	熙府桃园社区	51%	0	0	0	28%	0	28%	0	0	0	79%
	316	福寿轩养老照料中心	36%	0	22%	22%	0	29%	29%	0	0	0	87%
	317	葱店胡同2号院	0	23%	23%	46%	11%	8%	19%	0	0	0	65%
	318	官园公园	0	0	0	0	0	68%	68%	0	0	0	68%
	319	西区小后仓小区	38%	0	0	0	0	0	0	0	35%	35%	73%
	320	西四北头条社区	0	9%	35%	44%	0	0	0	0	0	0	44%

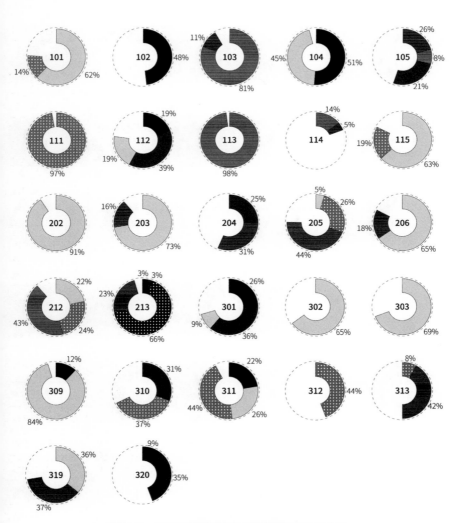

图7-10　西城全民健身路径边界类型现状比例（1）

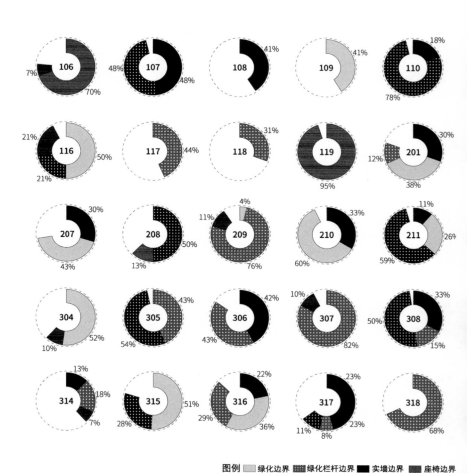

图7-10 西城全民健身路径边界类型现状比例（2）

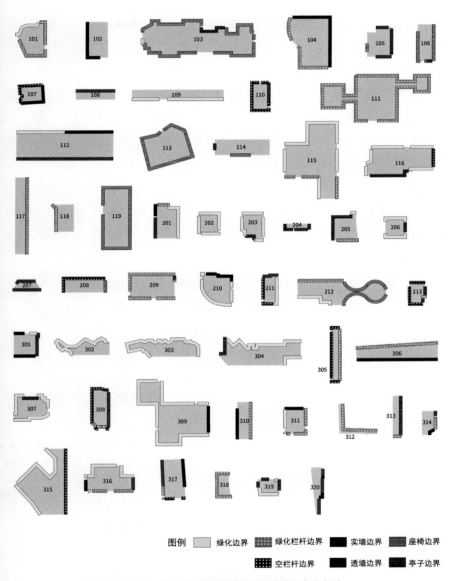

图7-11　西城全民健身路径边界形态空间布局类型

三、夜间照明

"全民健身路径"是社区内极为重要的全时段的公共运动场所,在傍晚甚至夜间都可能成为部分居民的运动休闲空间。而对于夜间的公共空间,照明自然是影响其空间品质的最为核心的要素。社区内健身空间在晚上是否有充足的照明,不仅极大地影响其内运动健身活动的展开,而且关系到其空间本身的安全性以及给使用者带来的安全感。因此,本节针对"夜间照明"问题,对全民健身路径的夜间使用状况进行研究和讨论。

全民健身路径的夜间照明主要来源于周边及内部的路灯、绿化景观灯、宣传栏和广告牌的光照、周边居民窗户透出的灯光等。其中,居民窗户的灯光投射在公共空间上的照度较小,且具有极强的随机性和不可控性,因此,不包含在本次的研究范围内。研究团队通过实地调研,记录了健身路径区域内和周边的照明设施类型和位置。据此,通过照明软件进行夜间照明情况的模拟,得到了健身路径夜间照明的照度分布模拟图。参照相关设计规范,公共空间的夜间照度不得小于5lx。以此为据,团队设置5lx和10lx两档照度标准线:5lx即符合公共空间规范的底线,10lx即照度较为充足的标准线。结合照度模拟的结果,团队在平面图上勾勒出3个区域:0~5lx低于标准的黑暗区;5~10lx符合标准的光照区;高于10lx照度充足的明亮区,并分别计算相应区域的面积,通过不同区域占总面积的比例,对西城52个全民健身路径的夜间照明情况进行总览和对比分析(表7-3,图7-12)。

在照明面积层面,总体上60.25%的健身路径区域完全没有照明或者达不到5lx的公共空间标准;只有25.98%的健身路径区域照

北京西城区展览馆路街道、月坛街道、新街口街道52个
全民健身路径夜间照明区域一览表　　　　表7-3

街道	序号	区位	夜间照明区域占比			器械夜间采光个数		
			10lx以上	5~10lx	0~5lx	10lx以上	5~10lx	有采光器械占比
展览馆路街道	101	百万庄卯区	48.5%	22.5%	29.0%	5	1	42.9%
	102	北礼士路60号院	26.9%	55.4%	17.7%		8	80.0%
	103	北礼士路70号院	14.8%	8.7%	76.5%	2	6	42.1%
	104	朝阳庵			100.0%			0
	105	车公庄大街北里	3.4%	12.5%	84.1%			0
	106	车公庄一号院	100.0%			9		100.0%
	107	阜成门外北街	19.2%	22.1%	58.7%		2	40.0%
	108	锦官苑	100.0%			6		100.0%
	109	扣钟北里	39.8%	21.2%	39.0%	4		66.7%
	110	葡萄园3号楼	100.0%			8		100.0%
	111	三塔社区地段	36.8%	33.6%	29.6%	3	5	57.1%
	112	铁路巷社区	23.8%	16.1%	60.1%	2	4	50.0%
	113	万明园写字楼	61.0%	20.5%	18.5%	6	2	100.0%
	114	文兴街地段		14.5%	85.5%			0
	115	五栋大楼地段			100.0%			0
	116	新红楼（南礼士路甲1号）			100.0%			0
	117	新华里			100.0%			0
	118	榆树馆北里地段	8.0%	14.3%	77.7%		2	40.0%
	119	榆树馆地段			100.0%			0
月坛街道	201	复兴门北大街			100.0%			0
	202	三里河二区B1区	65.8%	17.2%	17.0%	6	1	100.0%
	203	三里河二区B2区	78.8%	14.3%	6.9%	7	1	100.0%
	204	三里河二区（南院）	36.1%	36.8%	27.1%	1	2	75.0%
	205	三里河二区住宅小区A区	65.9%	10.5%	23.6%		2	40.0%
	206	三里河一区5号院1号楼左侧			100.0%			0
	207	铁道部住宅第二、一社区26号楼南侧	18.1%	10.5%	71.4%	1	2	60.0%

续表

街道	序号	区位	夜间照明区域占比			器械夜间采光个数		
			10lx以上	5～10lx	0～5lx	10lx以上	5～10lx	有采光器械占比
月坛街道	208	铁道部住宅区第三社区甲16号楼东	16.3%	8.0%	75.7%		1	10.0%
	209	月坛公园	79.3%	20.7%		9	1	100.0%
	210	南沙沟社区	6.0%	18.7%	75.3%		4	66.7%
	211	月坛南街北里7号楼东侧	13.1%	7.5%	79.4%	1	1	28.6%
	212	月坛西街2号院5号楼东侧			100.0%			0
	213	月坛西街东里8号楼西侧	100.0%			5		100.0%
新街口街道	301	宝产胡同15号院楼1号楼南侧	22.6%	10.9%	66.5%	1	2	37.5%
	302	翠花街1号院5号楼南侧	16.8%	8.7%	74.5%	2	1	50.0%
	303	翠花街1号院6号楼南侧	36.2%	17.6%	46.2%	6	2	88.9%
	304	玉廊东园5号楼北侧	43.2%	12.4%	44.4%	3	3	60.0%
	305	玉廊西园1号楼东侧	29.7%	17.4%	52.9%	3	3	66.7%
	306	冠英园西里9号楼东侧		5.2%	94.8%		1	5.6%
	307	冠英园西里27号楼东侧	7.9%	9.8%	82.3%		2	50.0%
	308	冠英园西区35号楼南侧			100.0%			0
	309	后广平胡同36号旁官园公园	33.6%	14.2%	52.2%	5		55.6%
	310	后桃园胡同与北草厂胡同交口西南侧	52.5%	32.0%	15.5%	2		100.0%
	311	西直门北顺城街	86.0%	11.4%	2.6%	15	2	100.0%
	312	西直门南大街10号楼东侧	99.2%	0.8%		2	12	100.0%
	313	西直门南小街8号	70.2%	22.8%	7.0%	9	4	100.0%
	314	西直门内大街与南草厂街交口东南侧			100.0%			0
	315	熙府桃园社区		0.5%	99.5%			0
	316	福寿轩养老照料中心		0.6%	99.4%			0
	317	葱店胡同2号院			100.0%			0
	318	官园公园			100.0%			0
	319	西区小后仓小区			100.0%			0
	320	西四北头条社区	39.0%	6.4%	54.6%	3	1	80.0%

度达到10lx的舒适线。在52个健身路径中，有14个健身路径的区域内没有设置任何人工照明设施，夜晚一片漆黑，无法进行任何健身和公共活动。仅有18个健身路径的夜间照明覆盖了超过60%的区域，使其达到5lx的标准线；而其中只有12个健身路径超过60%的区域达到了10lx的舒适照明线（图7–13）。由此可见，社区中的全民健身路径在夜间的照明状况是比较差的。

在器械的照明层面，总体来看，仅有41.6%的器械在夜间能够符合5lx的照明要求，而满足10lx照明要求的器械则仅有25.7%（图7–13）。而从个体来看，在52个健身路径中，有12个案例的器械5lx照明覆盖率达到了100%，有15个健身路径的器械5lx照明覆盖率达到了80%。然而，另有17个健身路径中的健身器械完全没有照明，即便有健身意愿，居民也只能被迫摸黑健身。由此可见，在照明层面，个体差异非常大。

综合52个全民健身路径在夜间照明的特点可以看出，由于夜间健身运动的需求被忽视，在全民健身路径的实践中，并未考虑配备相应的人工照明设施，致使大量的全民健身路径处于一片漆黑。部分案例即便有一定的照明，也往往是借用周边路灯的亮光，并没有针对健身运动配备独立的照明设备。同时，所有案例中的器械都没有配备相应的照明，绝大部分的健身器械在夜间无法安全的使用。全民健身路径的夜间照明现状较差，急需相应的设计优化。

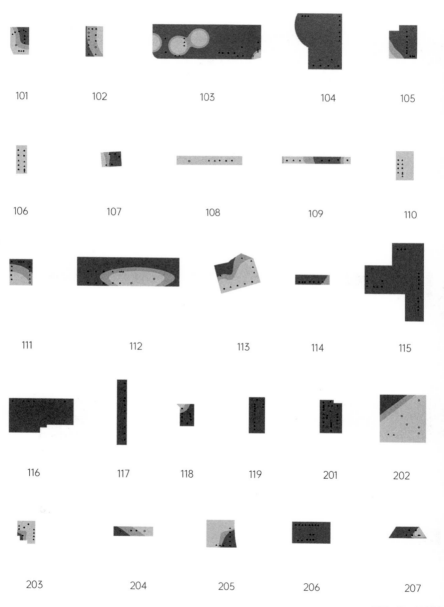

图7-12 西城全民

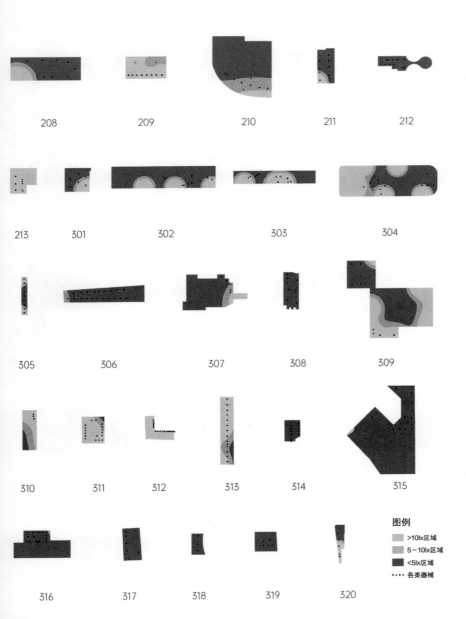

208　209　210　211　212

213　301　302　303　304

305　306　307　308　309

310　311　312　313　314　315

316　317　318　319　320

图例
>10lx区域
5～10lx区域
<5lx区域
••••○ 各类器械

夜间照明现状布局

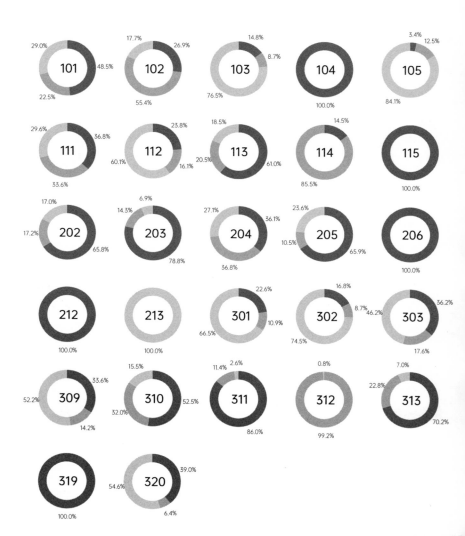

图7-13   西城全民

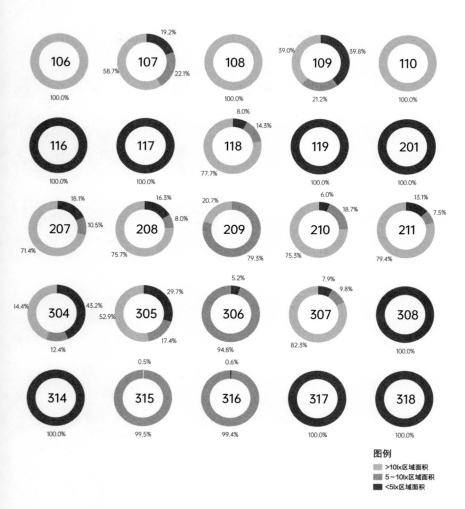

图例
- ▨ >10lx区域面积
- ▨ 5~10lx区域面积
- ■ <5lx区域面积

夜间照明面积比例

理论

实证

思辨

全民健身空间教学探索
—— 有氧西城

　　"有氧西城——北京展览馆路街区全民健身路径调研和更新设计"是针对北京建筑大学建筑学（城市设计方向）实验班开设的大学三年级课程，历时4周。作为"一大一小"课程设置中的"小"，"有氧西城"课题力求通过关注社区中"全民健身路径"这一小微公共空间，帮助学生了解真实城市的同时，引导学生关注当代全民健身空间的现状和潜力。

一、调研—研究—设计

　　本课题以北京市西城区展览馆路街区内记录在册的55个全民健身路径为研究对象，通过调研研究这一类基于社区的以健身为核心的公共空间的现状，针对实际问题，探寻背后的根源，并以此为依据进行改造设计。

　　作为一类具有鲜明特点的公共空间，在功能层面，全民健身路径具有明确的活动内容，而基于社区布置的特性则对其中活动的人群进行了限定，一定程度上降低了公共空间内人群活动研究的复杂度；而在空间层面，全民健身路径规模较小，分区也较为简洁，极大地降低了以此为基础的改造设计难度。因此，课题以"全民健身路径"为设计研究对象，对于第一次接触城市空间设计的三年级学生来说较为友好并易于上手。

在教学组织过程中，我们将整个专题的教学内容分为如下3个阶段。

（一）地段调研

在这一阶段，学生2人一组，分组对记录在案的展览馆路街区的55个全民健身路径进行全覆盖调研，每组同学完成4～5个。每组同学需要在所调研的健身路径中选取2个最具特点的案例，填写"全民健身路径现状调研表"。

在课程组织上，这一阶段历时一周。学生利用课余时间前往所选健身路径进行实地调研；每个案例至少前往两次，一次为上午8点左右，一次为下午6点左右，分别对应上午中老年晨练和下午上班族下班的时间点。课上时间进行集体评图，学生分享自己调研的全民健身路径现状，并归纳调研中发现的真实问题。

在成果要求上，学生需要结合集体评图的内容选定2个最具特点的案例，进而基于现场调研的记录和拍照完成"全民健身路径调研表"的填写（图8-1）。

（二）问题探究

在这一阶段，学生对所选的2个最具特点的案例，以实际调研为基础，对现状使用中的问题进行空间和社会视角下的分析，探究使用问题背后的影响因素，并绘制现状平面图。

在课程组织上，这一阶段历时1周时间。学生在完善"全民健身路径调研表"的基础上，通过课堂评图讨论，对所选2个案例的现状使用问题进行详细分析和分享。

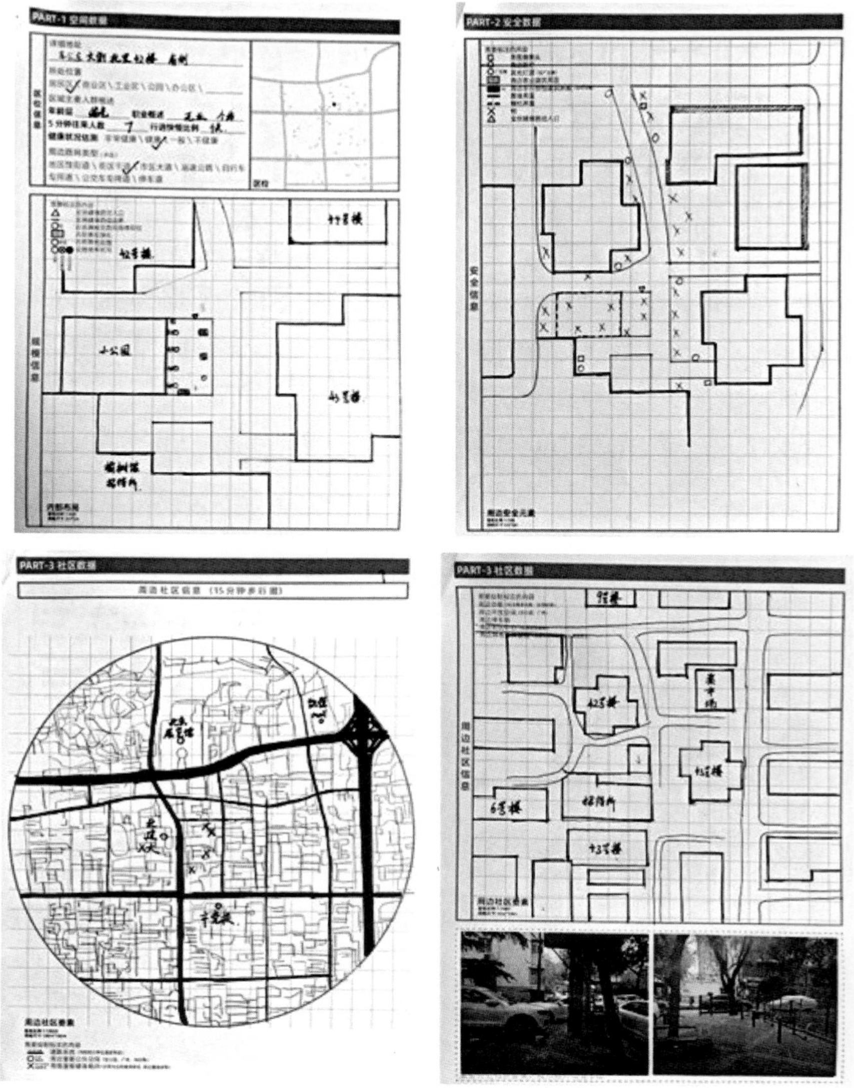

图8-1　地段调研阶段的
（图片来源：

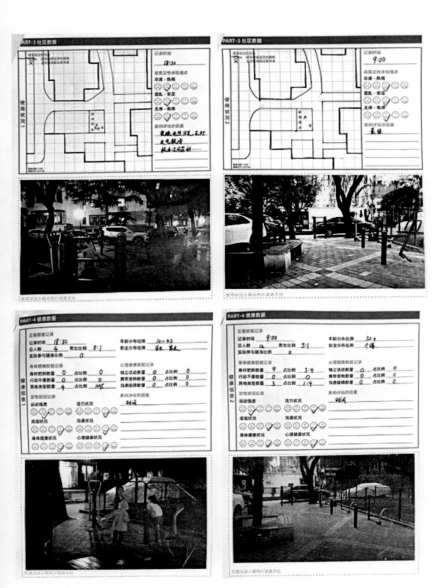

"健身路径现状调研表"

（绘制）

在成果要求上，学生需要结合现状的分析思考，绘制所选2个全民健身路径案例的现状平面图，通过空间视角，详细记录全民健身路径内外的所有公共空间要素（花坛、树、垃圾桶、栏杆、停车位等）及建筑部分的重要信息（建筑室内的开放功能、建筑的入口等）。

（三）更新设计

在这一阶段，学生需要在两个全民健身路径的案例中选取1个，以健身路径背后的空间和社会问题为基础进行改造设计。

在课程组织上，这一阶段历时2周时间。学生通过3次课堂评图完成改造设计。在这一过程中，教学团队引导学生结合实际调研和问题分析，提出具有较强针对性的设计。

在成果要求上，学生需要以现状平面图为底，绘制更新平面图，同时利用现场拍摄的照片完成人视点效果图。该课程的最后一节课进行课程评图（图8-2）。

二、课程意义

通过上述3个阶段，学生在教学团队的引导下完成了"发现问题—分析问题—解决问题"的完整设计流程，具有如下3个层面的重要意义。

（一）观察真实存在的活力问题

学生在"地段调研"阶段，通过实地走访分布在各住区内部的全民健身路径，能够结合自己的观察，对所研究的健身路径在空间布局、服务对象、使用频率等层面有更全面的认识；同时，也能

图8-2　更新设计阶段的成果"人视点拼贴透视图"

够结合自身体会，对健身路径现状的真实问题有更为精准的认识。"全民健身路径现状调研表"的填写能够极大地引导学生在调研中的视角和内容，帮助他们更为全面地观察研究对象。

"地段调研"是城市设计的重要环节，本课题将课题1/4的时间用于学生的实地调研，并通过引导较大地提升了"调研"这一发现问题的重要阶段在课程设计中的地位。

（二）探讨空间背后的城市问题

学生在"问题探究"阶段，以绘制现状平面图为媒介，从空间层面对所研究的地段进行更为深入的认知，并从中掌握城市中与公共空间息息相关的诸多建筑与空间要素的内容及特征。而针对现状问题背后成因的空间和社会维度的探讨，则可以引导学生提升分析问题的能力。

"问题探讨"是城市设计极为重要的一环，也是在传统建筑教学中容易被忽视的环节。本课题通过大量的课堂讨论，帮助学生揭示现状问题背后的复杂成因；同时，借助绘制现状平面图，加深学生对空间的认知，帮助学生搭建从"问题"到"设计"的桥梁。

（三）尝试基于问题的更新设计

学生在"更新设计"阶段，能够有力地回应在前两步中提出的真实城市问题，进而提升问题导向的设计能力。同时，学生也能够通过这一难度较低的改造设计对城市设计产生初步的认知，了解城市设计的内容和方法，为后续更偏向城市的设计课题作铺垫。

"更新设计"是城市设计中针对问题的回应。该课题以设计作为课题的结尾，能够为学生展现城市设计中"发现问题—分析问题—解决问题"的完整路径，帮助学生更快地掌握具有鲜明问题导向的城市设计思维方式和工作模式。

三、课程成果

以下将以"团结社区铁路巷6号楼北侧的全民健身路径"调研及改造设计为例，详细介绍学生的课程成果（图8-3）。

该设计由北京建筑大学建173班的李佳祺和武晋共同完成，所选地段为团结社区铁路巷6号楼北侧的全民健身路径。该健身路径位于小区的东北端，北侧倚靠院墙，与西直门外大街102号院隔墙相望；南侧紧邻小区的小区内设置有便民果蔬超市和自行车车库；

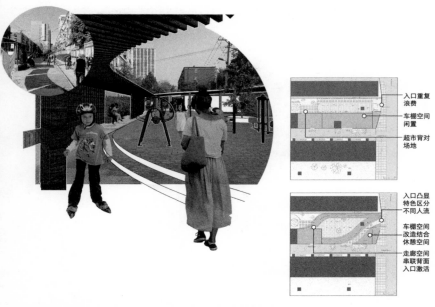

图8-3　团结社区铁路巷6号楼北侧的全民健身路径现状平面图（右上）、改造平面图
　　　　（右下）和改造设计效果图（左）
（图片来源：李佳祺 武晋 绘制）

西侧与小区内部路相连；而东侧也设置了直接通往铁路巷的入口。
东西连通内外，南部也同车库和超市相连，应当有着较高的活力潜
力。但学生通过调研发现，由于小区对外最主要的道路就位于果蔬
超市的南边，超市的主入口朝南，北边与健身路径相连的入口沦为
后勤出入口；自行车库更是鲜有人问津；健身路径东边的入口由于
和小区主入口极为靠近，常年关闭。这使得该健身路径成为小区内
的一个尽端，其内器械少有人问津，成为晾晒衣物的场所。

　　基于调研的真实体验，学生将问题归纳为3点：入口重复浪费、
车棚空间闲置、超市背对场地。基于这3个问题，学生引入连廊，

力求通过连廊这种半室外的空间限定，解决上述3个问题：针对入口，通过连廊的导引，营造与主入口完全不同的亲人尺度，进而将其打造为面向步行的小区入口；针对车棚，设计大胆拆除了部分车棚空间，并设计一条连廊穿过，自然地同南部的主路在步行层面连通；针对超市，设计将连廊直接与超市的北门连通，自然地与北门人流相连。不仅是入口，连廊的引入也自然地形成了内向的空间意象，更好地限定了健身路径内器械空间，让健身运动拥有更为舒适和安定的空间氛围。

四、总结

针对全民健身路径的调研、分析和设计无论是现状的复杂度、问题的深度还是设计的难度都较低，但作为学生接触城市设计的第一个课题，针对全民健身路径的设计研究依然能够为学生全方位地展示城市设计的视角、内容和方法，进而帮助学生转换城市观察视角、培养问题导向思维、积累城市设计手法。

健身运动社区教学探索
——金鱼池运动社区设计

　　"住在核心区——北京社区改造"是针对北京建筑大学建筑系（城市设计方向）实验班开设的大学三年级课程，历时12周。作为"一大一小"课程设置中的"大"，该课程关注北京首都核心区的居住区，帮助他们回归真实的北京生活，引导学生通过不同的视角对首都现有老旧居住区进行有侧重的更新优化。其中，立足于"金鱼池中区"的社区更新改造设计就选取了"运动健康社区"作为目标，力求利用现有社区内的公共空间，打造适于全年龄的全民健身社区。

一、基于全民健身的城市设计视角

　　不同于常规城市设计课程采用增量设计的模式，"住在核心区——北京社区改造"课题采用的是存量更新的基本思路，直面北京整体城市建设趋向更新改造而非大拆大建的现实状况，紧扣"老旧小区更新"这一当代北京热点议题，结合当代城市设计的不同视角，形成具有一定创造力的全新社区更新思路和设计。其中一组学生自选"金鱼池中区"社区为基地，以"运动健身"为主题，力求通过改造设计，打造一个全新模式的"全民健身社区"。整个课程教学分为"实地调研—专题研究—更新设计"3个步骤。

在"实地调研"阶段，学生多次前往金鱼池中区，对现状社区内的健身运动空间进行详细调研，并对社区内的居民进行观察和随机访谈，对社区内与健身运动相关的问题进行搜集和整理。学生们发现，金鱼池中区小区的居民存在极强的室外活动意愿，即便是在3月的初春天气，居民也会在楼间的采光井进行户外的棋类运动。而与之相对的是现状小区内针对居民健身运动需求的设施高度匮乏：小区内虽然规划了一条景观水系，然而由于缺乏管理漂浮大量的装修垃圾，居民避而远之，周边的座椅也少有人问津；小区内虽有大量空地，但由于未做规划和设计，最终成为无序的停车场；小区内没有布置任何运动健身的设施，希望运动健身的居民在小区中无处可去，只能在夹缝中勉强活动。这些问题事实上也是北京老旧小区的通病，具有较强的代表性。

针对上述问题，学生们在"专题研究"阶段回归"全民健身"这一主题。居民需要什么样的健身运动设施空间，居民需要什么类型的健身运动形式，居民到底会做什么类型的健身运动？随着思考的不断深入，问题也从表面的"全民健身空间"问题转变为"健身运动"形式这一社会问题。通过观察和访谈，学生先从人群下手，他们认为，不同年龄层的人进行运动健身的类型和方式截然不同。中老年人钟情于室外的散步、广场舞、快走等低运动量的运动形式；青年人则往往会选择在商业健身房中进行力量训练或是篮球、慢跑等中高强度的健身形式；而儿童往往偏向于亲子型室内外专门游乐设施，捉迷藏、追跑是他们的最爱，此外，游泳戏水是一类可以举家参与的健身运动形式。与此同时，学生们发现，虽然运动内容形式大相径庭，但不同年龄层的运动却能够相互增益：面向青年人的激烈的运动往往能够为其他类型的运动场地提升热度，吸引更多人围观进而参与到周边的健身活动；儿童游乐区则往往围绕大量家长，周边的健身设施也能够成为他们看孩子时的休闲方式。综上所述，学生们提出，将不同年龄层的运动在一个社区中进行交融，不仅能够满足社区中不同年龄健身者的需求，而且能够通过不同类型健身设施的相互增益，形成更为浓烈的运动健身氛围。

基于上述研究，学生将视野收回金鱼池中区的设计地段，进入"更新设计"阶段。在这一阶段，学生们对现有小区内的所有建筑外的空间进行重新规划，着重对车行道进行了重新取舍，并重新规划了停车位，形成了相对集中的步行区。在此基础上，学生们对小区内的公共活动区域进行了重新规划，针对不同年龄层的健身居民引入了不同的健身运动项目和场地，形成了与社区景观相结合的全新全民健身社区的新模式（图9-1）。

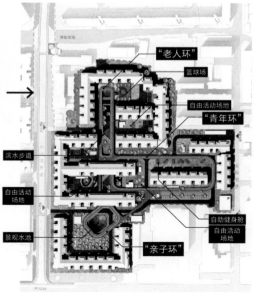

**图9-1 金鱼池社区现状布局（左上）及
改造后总平面图（右）**
（图片来源：李健 赵玟瑜 孟昭祺 绘制）

二、覆盖全年龄的社区健身空间

全年龄无疑是设计的核心，如何在不降低现有社区居民居住品质的前提下，将适用于不同年龄的健身运动项目和场地有机地融合，是学生们重点关注的问题。针对老年人、青年人和儿童的不同运动项目和需求，"金鱼池中区全民健身社区设计"结合现有居住楼排布，设计了3个"环"（图9-2）。

"青年环"环绕社区中东侧的17号和18号两栋楼。整个"青年

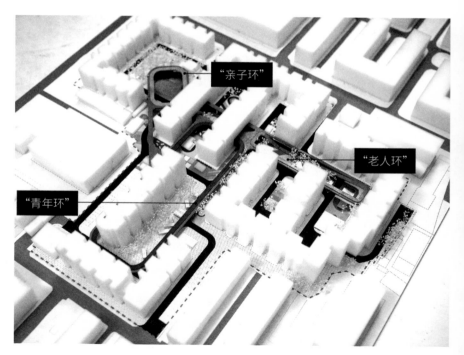

图9-2　金鱼池社区更新改造设计的3个运动环
（图片来源：李健 赵玟瑜 孟昭祺 制作拍摄）

环"以一个环形跑道为核心，构建了一个以慢跑为主要形式的青年运动中心。跑道位于二层高度，充分考虑了对住宅楼采光的影响，尽量布置在住宅楼的北侧。其一圈为400m，同标准操场长度一致，便于青年跑步者计算距离和打卡。跑道共3道，其中靠内侧的两道为跑步道，标注为蓝色，外道为快走道，也可用于跑步者临时减速休息，标注为橙色。两种地面颜色的区分，保证了跑步者与快走者在流线上区分，不会造成由于速度不同而碰撞的情况。此外，外道也同其他两个运动环相连，可用作交通空间，并通过多个台阶连通跑道与地面的其他运动设施。在地面层，以"青年环"为核心，设计利用现有景观区和空地布置了相应的单独运动区。结合景观铺设不同颜色的鲜艳的塑胶地面，限定了地面活动范围，便于相应区域健身运动的有序进行。此外，设计针对青年人最为关注的力量训练的需求，在18号楼北侧的景观中引入了自助式的"健身集装箱"，方便青年健身爱好者自行预约进行健身运动。整个"青年环"针对跑步和力量训练这两个青年人的核心健身需求，通过空中跑道和"健身集装箱"（自助健身舱）立体地打造了一个属于青年人的室外健身房。

　　"老年环"位于社区西北侧的现状滨水区域，北至7号、8号和9号楼构成的内院，南至17号楼北侧。"老年环"以一个环形步道为核心（图9-3）。不同于"青年环"的跑道，"老年环"的步道一圈长度更短，并在西段通过与地面步道衔接形成了较长的缓坡，人为地降低了步道上运动的速度，进而使整个环形步道趋向于慢步而非跑步；同时，整个环形步道围绕景观水系设置，具有极佳的景观价值，适合慢步欣赏。"老年环"也分为三道，内侧的两道为慢步道，更为亲水，并设置了与地面衔接的缓坡，标注为黄色；外道则

图9-3 金鱼池社区更新改造设计中的"老年环"
（图片来源：李健 赵玟瑜 孟昭祺 制作拍摄绘制）

与"青年环"类似，为交通空间，与其他两个运动环相连，标注为橙色。基于两层高度的空中步道"慢步"的定位，在地面层，设计也更为着力构建高品质的景观。以设计中重新拓宽的水系为中心，设置了多个滨水平台，配以绿植，形成了老年人晨练休息的极佳场所。此外，在环形步道北端，设计还利用内院剩余的空间布置了一个半场篮球场，并结合步道设置了大台阶，自然地利用青年人具有活力的体育运动提升环形步道的运动热度。整个"老年环"针对老年人更为平缓的运动需求打造，为社区内的老年人晨练、散步提供了高品质的空间，形成了社区内的"健身公园"。

　　"亲子环"位于社区西南侧20～23号楼构成的内院中。现状内院为景观湖面，与北侧的景观水系相连（图9-4）。与"老年环"和"青年环"不同，"亲子环"以一个环形空中泳池为核心。泳池一圈为50m，与50m标准泳池一致，便于游泳者进行计数；泳池深1m，是一个偏向于亲子戏水的泳池；宽2.5m，与常见室内泳池1个泳道的宽度吻合。环形泳池靠内布置，而外侧与其他两个运动环一样均设置了步道，标注为橙色，可用作游泳间隙的休息平台，也是

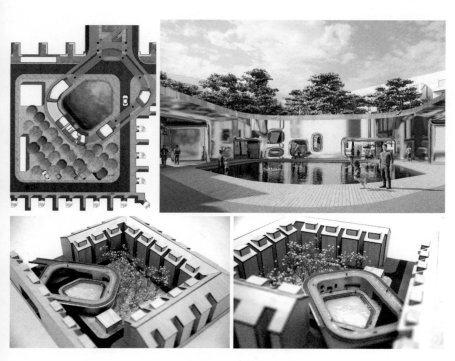

图9-4　金鱼池社区更新改造设计中的"亲子环"
（图片来源：李健 赵玟瑜 孟昭祺 制作拍摄绘制）

连通空中三环的交通步道。与空中泳池相对应，在地面层，设计巧妙地结合结构，形成了一片具有厚度的"洞墙"：通过厚度解决泳池的结构问题并通过不规则的开洞，形成充满活力的内外空间屏障，结合两侧的树阵和景观湖面，构筑了一个小朋友可以来回穿梭、捉迷藏的充满童趣的空间。这样的空间不是传统意义上专门开辟一块地方设置专门面向儿童的游乐器械，家长只能围绕在周围的儿童活动区，而是一个融入了童趣而又全年龄友好的公共空间，家长可以同孩子一起在这个"洞墙"中玩乐，穿梭于绿色和滨水的不同景观中，并可以和空中泳池的其他儿童打招呼。整个"亲子环"引入空中泳池这一最受欢迎的家庭集体健身运动形式，并在地面层通过"洞墙"的设计，创设了全家都可以参与的充满童趣的公共休闲娱乐空间，形成了社区中的"儿童之家"。

"青年环""老年环"和"亲子环"3个环功能相对独立，让不同年龄层的居民可以找到各自最舒适的健身空间和设施。同时，通过橙色的二层平台的串联，3个健身运动环合为一体，不同年龄的运动者在空间和时间上相互融合、互相激励，形成更为浓郁的社区健身运动氛围（图9-5）。

三、未来全民健身社区的新可能

作为"住在核心区——北京社区改造"诸多设计中，以"全民健身社区"为目标的社区更新设计探索，"健身运动社区教学探索——金鱼池运动社区设计"回归全民健身的内核，以"全民"作为突破口，从"不同年龄层的人群对健身运动存在不同需求"这一现实问题入手，通过3个健身运动环让社区中的青年、老人和孩子

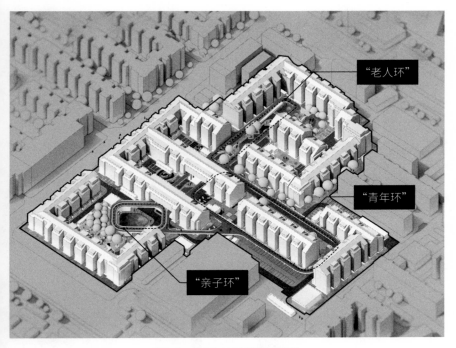

图9-5 金鱼池社区更新改造设计
（图片来源：李健 赵玟瑜 孟昭祺 绘制）

都有了更为匹配的健身运动空间（图9-6）。虽然该设计只是理想
化的社区更新探索，但基于不同年龄群体需求的更具针对性的全民
健身空间设计思路依然具有较强的现实意义。

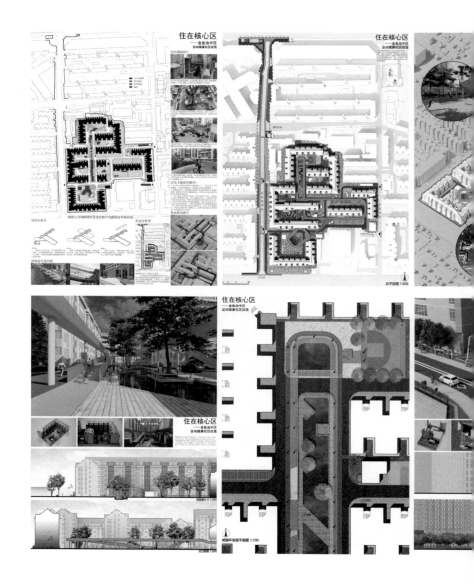

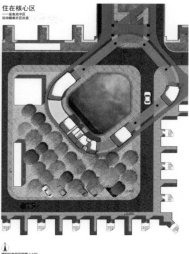

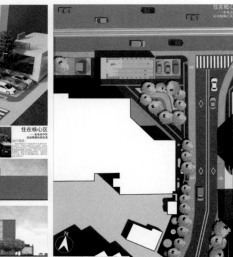

图9-6 金鱼池社区更新改造设计图纸
（图片来源：李健 赵玟瑜 孟昭祺 绘制）

后记

　　这本书是我的第二本书，也是我在"健身空间"这个领域的第二次小小的总结。这本书从开始写到成书其实只用了短短的半年，但其中的内容却是从2017年正式走入工作岗位后5年研究成果的一次汇总。这其中包括博士期间单纯理论研究的进一步深入，也包括了全新开始的对于当代北京的实证研究。这两条路，我也会一直走下去。

　　首先要感谢我的博士导师清华大学朱文一教授。没有他对我的鼓励，我也不会毅然决然地选择"健身空间"作为自己也许是一辈子的研究方向。而毕业后的一次次交流，更是帮我在迷茫中一次次地找到新的方向。同时也要感谢北京体育大学的陆璐教授和张爱红老师在体育方面给我的帮助，让我的研究有了更为充实的交叉学科支持。

　　其次要感谢2017年入职以来对我谆谆教诲的张大玉校长、欧阳文教授、金秋野教授、胡雪松教授、郝晓赛教授，感谢他们在教学和科研方面给我的支持和鼓励。感谢李煜、徐跃家以及郝石盟、孟璠磊、商谦、任中琦、刘烨、李路阳、贾园等同事们对我的支持和帮助。同时，感谢孙振鑫、孙沛煦、李健、王毅骃、柳芷亦，感谢你们在实证研究的部分的辛勤付出。感谢编辑刘丹老师，希望以后还能继续合作。

　　最后要感谢我的家人。感谢我的父亲刘明辉和母亲史苹，感谢我的妻子高倩，感谢岳父高林岳母王彦东，感谢他们对我无微不至的关心和全力的支持。感谢我的女儿刘青语（小葵）没有毁掉我的稿件。

　　健身是我一直以来的爱好，对于健身的空间研究也将是我坚持一生的研究方向。未来一定会有第三本、第四本。

刘平浩

2022年6月